化工过程流程重构

——以乙烯裂解装置脱甲烷系统为例

◎ 罗雄麟　吴　博　著

化学工业出版社

·北京·

本书围绕进料位置不合适引起的塔内部传热/传质异常问题展开，研究了精馏塔系统进料瓶颈的识别方法，探讨了消除进料瓶颈进料位置调整的流程重构策略，并设计出重构后系统的再优化及关键过程设备的控制策略。以乙烯裂解过程多进料脱甲烷系统为例，提出了化工过程流程重构的设计、识别及操作条件再优化的系统理论和实践方法。

本书适合从事化工系统工程和控制工程的工程技术人员及科研工作者阅读，也可作为高等院校教师、研究生和高年级本科生教学与参考用书。

图书在版编目（CIP）数据

化工过程流程重构：以乙烯裂解装置脱甲烷系统为例/罗雄麟，吴博著 . —北京：化学工业出版社，2018.7（2023.1重印）

ISBN 978-7-122-31962-3

Ⅰ.①化… Ⅱ.①罗…②吴… Ⅲ.①化工过程-流程-研究

Ⅳ.①TQ02

中国版本图书馆 CIP 数据核字（2018）第 074313 号

责任编辑：辛　田　　　　　　　　　　　　文字编辑：冯国庆
责任校对：宋　夏　　　　　　　　　　　　装帧设计：王晓宇

出版发行：化学工业出版社（北京市东城区青年湖南街 13 号　邮政编码 100011）
印　　装：河北鑫兆源印刷有限公司
710mm×1000mm　1/16　印张 8　字数 105 千字　2023 年 1 月北京第 1 版第 2 次印刷

购书咨询：010-64518888　　　　　　　　　　售后服务：010-64518899
网　　址：http://www.cip.com.cn
凡购买本书，如有缺损质量问题，本社销售中心负责调换。

定　　价：64.00 元　　　　　　　　　　　　　版权所有　违者必究

在化工生产过程中，为实现精细的分离任务，往往需要多种不同类型单元设备的协同配合，且随着设备的运行，部分设备的结构和性能会发生改变，并直接影响到整个系统关键产品的分离及能量的高效利用，成为制约系统节能减排的瓶颈。以化工过程的分离装置为例，核心操作单元精馏塔随着设备的长期运行，塔内结垢或者进料组成及流量等发生改变，可能会导致精馏塔内部塔板的传热/传质异常，塔板利用率下降。传统的装置内部塔板结构改造措施，操作复杂且成本较高。本书围绕进料位置不合适引起的塔内部传热/传质异常的问题展开，研究精馏塔系统进料瓶颈的识别方法，探讨消除进料瓶颈进料位置调整的流程重构策略，并设计出重构后系统的再优化及关键过程设备的控制策略。以乙烯裂解过程多股进料脱甲烷装置为例，提出了化工过程流程重构的设计、识别及操作条件再优化的系统理论和实践方法。

　　① 对于实际装置上开展理论研究工作的难题，可以通过建立相似功能的仿真系统来实现。针对复杂系统中的循环物流的问题，提出基于寄存器思想的数学模型，进而实现对整个脱甲烷塔装置建模，同时能为化工系统中循环系统的建模提供解决策略。

　　② 通过精馏塔内部的传热/传质组合曲线的图示法，有效识别出精馏塔内部的传热/传质的瓶颈位置，并指出系统中进料瓶颈的位置。通过在乙烯裂解过程中的关键过程——多股进料脱甲烷塔装置上的仿真应用研究，针对原始设计，采用进料瓶颈识别的方法能够有效找到多股进料脱甲烷塔装置中脱甲烷塔的进料瓶颈。

　　③ 通过对进料瓶颈处进料位置的调整，对于塔内部的传热/传质的影响进行分析，采用脱甲烷塔装置瓶颈进料位置调整的流程重

构方法，被证明对于系统的节能及降低内部的传热/传质的瓶颈具有显著的作用。对产品质量改变和处理量调整两个方面的研究证实，流程重构方法均能有效降低多股进料脱甲烷塔系统的能量消耗，是一种可以采用的精馏塔的节能降耗改造策略。

④ 流程重构后多股进料脱甲烷塔装置的操作条件未必处于最优状态，需要重新优化操作条件。本书提出的脱甲烷塔装置核心流程的单塔优化与扩展装置的复合塔优化的实施方法，主要是从装置仿真级的角度出发，分别采用了单塔优化和复合塔优化的策略来解决能量优化的问题。关于操作优化所产生的经济及节能效益，建议采用考虑进料操作的复合塔优化策略，但单塔优化也能得到系统的次优操作条件且容易实现优化。

⑤ 多股进料脱甲烷塔的控制直接关系到产品的分离和系统的能耗，过程控制与协同优化策略能同时实现系统的关键指标的控制及系统能耗的最优化，即通过主要变量的目标指标控制，次要变量的协同优化以得到系统能耗最低的控制策略。通过脱甲烷塔的塔顶和塔底的控制及协同优化的实施，能够有效降低原始操作条件下的系统能耗。另外，在进料位置切换条件下，需要考虑生产指标控制的问题。根据塔顶和塔底指标在进料位置切换时的动态分析，针对小范围切换，采用常规控制策略即可满足对塔顶和塔底指标的控制。指标控制与进料位置切换在需要的时候也能够同步进行。对多股进料脱甲烷塔的仿真结果表明，同步切换比分步切换的控制效果更好。

由于笔者水平有限，编写过程中不足之处在所难免，希望广大读者批评指正。

著者

目录

Contents

第 1 章

绪论

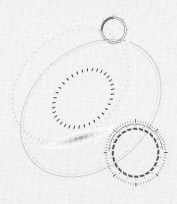

　　在化工生产过程中，为了实现不同产品组分的分离，往往需要多种不同操作单元的协同配合。随着设备的长期运行，其中的一些操作单元会出现系统节能优化的瓶颈，直接制约着整个系统产品的分离及能量的高效利用，通过操作条件的优化已经无法达到降低系统能耗的目标。此时往往需要识别出系统的用能及分离的瓶颈，并根据瓶颈及瓶颈处操作单元的特性，采取相应的设备改造措施，在设备改造后重新进行设备操作条件的再优化，其实施的基本思路如图 1.1 中的路径 1 所示。设备改造的措施往往费用较高，且需要停工作业。相比之下，设备的流程重构（结构优化）通过实现对设备流程的调整达到去瓶颈的操作，不但能避免停工作业，而且能降低设备的操作费用。同时，对流程重构后的系统的再优化操作，能够有效解决重构后系统的操作条件最优化的问题，其实施的基本思路如图 1.1 中的路径 2 所示。实现流程重构与操作条件再优化的轮换操作，能够同时获得去瓶颈和操作条件优化的双重功效，是一种有效地降低系统能耗的措施。路径 2 的方法更加方便且易于在线操作和实现系统的周期循环优化。

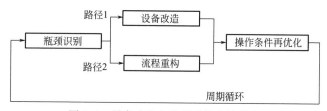

图 1.1　设备改造与流程重构实施策略

　　由于精馏功能的特殊性，是一项重要的分离技术，因此在整个过程工业中约占全部流体分离操作的 95%[1]。精馏塔的分离效率及节能同时受到冷凝器和再沸器等外部操作参数以及塔板的分离效率等内部结构参数的影响[2~6]。传统的精馏塔分析主要集中于对精馏塔节能的研究，在相同的分离指标下使得塔顶和塔底的能量消耗最小。近年来，随着科学技术的进步，高效塔板的不断出现，已证实改造塔板的结构参数是有效改变精馏塔分离效率的措施[7~9]，然而这种改造操作的成本较高并且施工不便。考虑到上述诸多因素，探索在不改变精馏塔内部结构的条件下，又能提高精馏塔的用能效率的措施显得尤为重要。精馏塔在设计之初是根据分离进料的状态（流量、组成等）来选择进料位置，其参数往往是合理的。但随着装置的运行，塔内部的结垢或者进料组成及流量的差异，在原始的进料位置保持不变的条件下，这样的进料位置就可能导致精馏塔内部的传热/传质的异常，塔板的利用效率随之下降，对于含有多股进料的精馏塔来说，这种变化会更加明显。例如本书所涉及的具有质量交换的换热网络系统——乙烯裂解过程脱甲烷塔装置，其中传热单元实现冷热交换，闪蒸单元实现粗分，而精馏塔同时完成质量交换和能量交换，进而实现轻重组分的精细分离，基本流程如图 1.2 所示。如何找到这些影响精馏塔内部传热/传质的进料位置，尤其是对于多股进料的精馏塔，如图 1.2 中的四股进料脱甲烷塔，并实施流程重构对进料位置进行调整来降低其影响，进而实现整个装置的节能和产品的分离效率的提高。

从研究对象的选择方面来说，具有质量交换的换热网络系统是同时包含换热网络和精馏塔质量交换单元的系统。换热网络的输出会直接影响到精馏塔的进料状态，两者具有很强的相关性，并且精馏塔的进料状态会严重影响其内部气相和液相的分布规律，进而影响到后续操作单元中最终产品的分离。为了较为准确地分析组合系统内部各个单元之间的相关性及相互的影响，在对象的选择时应该同时包含精馏塔和换热网络，并将同时具有质量交换和能量交换的精馏塔以及有能量交换的换热网络系统作为研究对象。换热网络系统决定了精馏塔的进料条件，然而本书的侧重点并不在于换热网络的结构优化改造方面，而是讨论在其提供的进料条件下精馏塔进料位置流程重构的识别及设计问题，从精馏塔的角度去探索精馏塔系统的能量使用、瓶颈的识别及去瓶颈的方法，为进料位置的在线流程重构的实施提供理论依据。

从改造策略方面来说，与常规改造精馏塔的措施相比，在不改变精馏塔塔板结构的前提下，研究精馏塔内部的传热/传质机制，分析制约精馏塔能量利用的瓶颈，研究进料位置对于内部传热/传质的影响规律，进而在分离负荷发生变化时，能够为进料位置调整的流程重构的设计提供合理的依据。对进料位置调整的流程重构策略完全可以在非停车的情况下进行，能实现根据需求及进料的变化在线对系统内部的流程进行重构操作，使得在动态调整

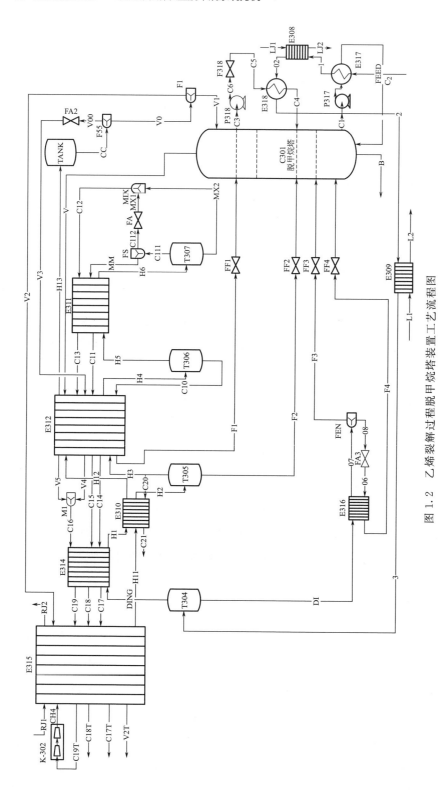

图 1.2　乙烯裂解过程脱甲烷塔装置工艺流程图

E310～E315—冷箱换热器；E308、E309、E316—换热器；T304、T305、T306、T307—闪蒸罐；
K-302—甲烷往复式压缩机；E317—塔底再沸器；E318—中间再沸器；C301—脱甲烷塔

过程中塔板的使用效率最大化，这不但有助于降低操作成本，而且能够获巨大的经济效益。在精馏塔的设计之初，设计人员往往对于同一股进料设置了多个备用的进料位置，进而在进料状态变化时，操作工可以根据需要对其实现进料位置的切换。与单股进料的精馏塔相比，多股进料的精馏塔的进料位置切换更加复杂。因此，在不对生产过程产生较大扰动的条件下，根据进料的差异去实现进料位置的在线流程重构是一个需要重点研究的问题。

从最优操作条件方面来说，经过设备改造的系统，设备的稳态工作点往往会发生改变，原始的条件不一定适合当前新系统，设计人员进而会对其再进行操作条件的优化，得到新系统的最优操作条件，这就是常见的设备改造与操作条件再优化的结合问题。类似地还有进料位置调整的流程重构问题。流程重构是从结构优化的角度去除系统中存在的瓶颈，但这种重构并不能够保证整个系统的操作条件最优。重构后系统仍需要进一步的操作优化，以获取结构参数变化后新系统的最优操作条件。在仿真装置上的优化策略的实现对于在实际装置上的再优化操作是一种有效的尝试，并且能够消除其对正常的生产指标和生产进度的影响，这是一个重要的研究课题。本书将在模拟实际脱甲烷塔装置的仿真模型上，根据流程重构后的装置，研究操作条件再优化的具体实施方法及优化问题的现场求解策略，为实际装置的在线优化及在线流程重构的实施提供一种可行的经验方法。

从控制策略方面来说，根据生产过程的要求，生产过程往往包含多个生产指标，其中包含参数要求较为苛刻的指标（浓度和温度）和符合一定的范围即可满足生产需要的宽泛指标（液位）。对于苛刻指标，通过控制手段即可满足要求。对于除此之外的指标，通过控制当然可以满足条件，但控制器的设定值不同导致了输出变量的不同，进而会导致能量的浪费，达不到能量使用的最优化，因此在控制苛刻变量的同时需要考虑系统内部其他变量的优化，使得整个系统的能量利用最优，即采用控制与协同优化相结合的控制方法。同时，随着现代化工厂对于自控率水平要求的不断提高，实现进料位置的自动在线流程重构中对关键指标的控制也是应该着重考虑的问题。若能够直接进行进料位置的在线流程重构，将在很大程度上解决进料条件变化的问题，既能在保障产品质量的同时降低系统的操作成本，又能减轻操作人员的工作负担。

因此，本书主要研究具有质量交换的换热网络的流程重构设计、识别及操作条件再优化的相关方法，并以乙烯裂解过程脱甲烷塔装置为例，根据图 1.1 实现流程重构的基本思路，给出解决脱甲烷塔系统节能优化方法实施的基本框架，如图 1.3 所示。

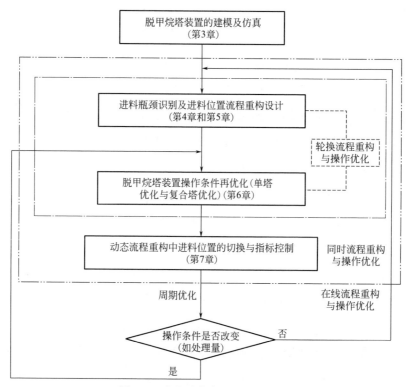

图 1.3   流程重构实施的基本框架

为了实现对所提方法的研究，首先应对脱甲烷塔装置进行建模及仿真，并有效解决缺少工业装置数据来源的限制以及对所提方法有效性的验证问题。其次，针对脱甲烷塔装置，对于给定的装置进行进料的瓶颈识别，找到影响内部传热/传质的进料瓶颈，再采用进料位置流程重构的方法来尽可能地去除进料瓶颈对脱甲烷塔的物料分离及能量利用的影响。重构后的系统随着设备的长期运行会存在结垢等情况，导致进料条件的改变，需要对其进行操作条件的再优化。

本书基于乙烯裂解过程脱甲烷塔装置，在流程重构的设计、识别及操作条件的再优化研究方面主要有以下研究内容。

① 考虑到应用实际装置开展相关课题研究较为困难，在对脱甲烷塔装置内部各部分模型的特点及难点分析的基础上，实现对整个脱甲烷塔装置平台的建模，并对其进行仿真验证。针对精馏塔内部传热/传质的规律，提出一种精馏塔内部传热/传质组合曲线的构建方法，以图示法来呈现精馏塔内部异常的传热/传质的瓶颈，并将其与进料位置进行关联，给出进料瓶颈的识别方法。以乙烯裂解过程中的关键过程多股进料脱甲烷塔为例，采用上述方法对其进行了进料瓶颈分析，探索系统的进料瓶颈。根据调整瓶颈进料位置后塔内部的传热/传质分布的变化，给出脱甲烷塔装置调整进料位置的流程重构方法。脱甲烷塔装置的仿真对比验证了装置平台模型的准确性。通过对脱甲烷塔装置进料瓶颈的识别及进料位置的流程重构方法的应用，无论是对产品质量的改变，还是对处理量的调整，所提方法均能有效降低多股进料脱甲烷塔系统的能耗。

② 针对流程重构后多股进料脱甲烷塔装置操作条件的设置问题，新旧操作条件之间可能存在差异，并且新系统操作条件并非最优操作条件而导致系统能量的损耗过大，因而流程重构后需要对设备重新进行操作条件再优化。提出脱甲烷塔装置的核心流程的单塔优化和考虑进料条件的复合塔优化的具体实施方法。分别从单塔优化和复合塔优化的角度出发，采用单变量分析法寻找关于系统能耗的操作变量，根据系统的能量利用指标分别选择脱甲烷塔的冷量消耗及甲烷压缩机功率作为单塔与复合塔优化的目标函数，采用正交试验的方法寻找系统的最优操作变量。通过两种方案的对比，复合塔优化所带来的系统的节能效率要比单塔优化高，因而对系统进行操作优化应该将复合塔系统作为对象进行研究。

③ 多股进料脱甲烷塔是整个装置中的核心操作单元，其控制策略对于产品的分离和能耗具有重要的影响，引入过程控制与协同优化相结合的策略来实现系统能量的合理利用。同时，针对流程重构中的进料位置切换的问题，又讨论了进料位置切换与控制指标切换的控制问题。以双入双出系统为

例，探讨了主被控变量通过控制器实现目标指标控制，并且次要被控变量采取优化的方法，得到在系统能耗最低条件下最优的控制策略。另外，通过对进料位置切换进行了动态分析，并且在常规的控制策略下分析塔顶塔底的控制效果，提出了塔顶控制指标与进料位置切换的分步与同步控制，并对控制效果及系统的能耗进行了对比分析。

第**2**章

背景分析

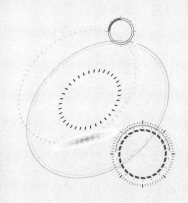

　　在满足工艺和操作约束的条件下，为了实现设备的产量和能耗的最优配比，化工过程的系统应处于最优操作条件和最佳设计状态。同时，为了实现设备在整个生命周期内的节能高效运行，希望在全周期内都能够实现设备的最佳设计与最佳操作。由于实际过程中存在着各种不确定的因素，经常导致系统的操作条件或者设备的结构参数偏离最优值，甚至出现设备的停车。因此，需要在工业设备的运行过程中对其进行改造设计，识别出制约系统产品分离及用能的薄弱环节并加以改造，实现设备运行状态的最佳化。无论是否对设备进行改造，长期的运行会致使设备的稳态工作点发生变化，过程操作偏离稳态最优点，需要实施运行中操作条件的再优化。

　　传统工业设备的改造设计和操作条件的再优化往往是分开、分步进行的，且设备改造多采用离线分析的方法实现设备的分析。首先由化工工程师基于稳态模型和稳态设计方法，利用化工模拟软件建立稳态计算模型，并求解出设备的结构参数，得到最佳的设备改造设计方案。在工艺改造完成后由控制工程师以此为被控对象，设计配套的控制系统，使过程在设计的最优点保持稳定的操作。

　　传统的设备改造操作往往是离线进行的，且应用的最优改造设计数据主要是通过离线得到的，改造后的设备也会与所期望的改造结果存在偏差。对于设备的实际运行来说，传统的改造主要是在几年一次的检修期进行的，施工周期较长。同时，考虑到可能涉及更换操作元件，设备改造的成本也会增加，操作费用较高。改造措施的离线操作特性也不能满足实施在线调整的要求，不能保证生产周期内装置流程设计的实时最优化。因此，应研究流程重构的设计方法，根据工艺操作条件的变化实现装置流程在线调整，进而实现在线流程重构改造。

　　此外，工程设计人员在过程设计阶段并未考虑到后续过程最优操作的问题，以及工程设备改造设计对于控制回路和最优操作条件的影响，以至于改造后的设备仍处于低效率的运行状态。同时对于较为严格的产品质量，设备的改造能够实现质的改变，然而能量如何最优配比还需要对整个装置的操作条件进行再优化，以实现设备的高效运行。基于以上的原因，研究工业设备流程重构的设计、识别及操作条件的再优化在工业设计及优化中的重要性日渐凸显，它能够同时实现设备的在线调整和操作条件优化的双目标。

　　针对进料条件对精馏塔内部的传热/传质及全塔用能的影响，本书旨在提出一种识别精馏塔进料瓶颈的方法，并采取进料位置调整的流程重构方法来消除进料瓶颈。针对类似于实际工业设备的仿真模型装置，探究如何对其进行操作条件的优化，并给出对其优化的具体方法。针对一种复杂的、传热传质的分离设备——脱甲烷塔，如何实现对其进行指标及进料位置的切换控制和节能控制。

　　根据研究对象复杂程度的不同，分为实现单个功能的简单操作单元对象和由单个功能的简单操作单元按照一定流程组合而成的复杂系统。根据操作对象实现的功能不同，可以分为各种不同类型的操作单元。其中精馏塔和换热器的研究较为普遍，分别用来实现产品的分离和能量的交换。一些学者选择对精馏塔操作单元进行研究，讨论其设计与改造方法，研究控制策略及操作条件优化的方法等[10~13]；另一些学者则对由多组换热器构成的换热网络进行研究，研究换热网络的设计、控制及节能改造措施[14~22]。倘若仅对单个操作单元组成的简单对象进行研究，往往需要假定其外部输入的条件保持不变，研究结果仍具有一定的理论价值，并且对于复杂系统操作具有指导意义，但是这并不能完全反映出整体系统的特性。因此，在对于研究对象，应该根据所需要实现的功能进行选择。

　　为了从结构改造方面实现精馏塔的节能增效，具体的实施方法主要包含两个方面：①识别出系统的瓶颈，根据瓶颈识别准则对系统的瓶颈进行调整并实现节能增效；②直接设定系统设定改造的目标，采用结构优化的方法找到系统改造的措施并实现系统的节能。从实施方法上来说，前者往往采用较为直观的图示法，后者则往往采用数学优化的方法。

　　为了直观形象地表示分离系统内部的热力学特性，Dhole 和 Linnhoff[23]提出分馏塔总组合曲线（column grand composite curve，CGCC）的分析方法对精馏塔进行节能改造。吴升元等[24] 受此启发，提出基于 CGCC 曲线确定分馏塔进料位置的方法，通过构造出与 CGCC 部分重合的两条相交的全塔精馏和提馏线，分析 CGCC 进料位置与两条曲线之间的关系来确定最佳进料位置。但所采用的全塔精馏和提馏线主要依据塔顶或塔底进料求出，也就限制了该方法仅适用于单一进料的情况，因此不适用于多股进料脱甲烷塔的进料位置分析及瓶颈识别。

相比之下，㶲分析方法同时包含了热力学的第一定律和第二定律，能帮助识别出系统的无效操作单元。Khoa 等[25] 提出用三维㶲分析曲线来识别影响精馏塔正常运行的设计和操作参数。Bandyopadhyay[26] 应用"㶲-焓图"中"精馏-提馏曲线"的恒定特性分析识别了精馏过程中的㶲损失。Liu 等[27] 利用复合曲线和面积利用率（fractional utilization of area，FUA）曲线来识别最优的改造策略。Wei 等[28] 对文献［27］的方法进行了拓展，能直观显示出系统内部的瓶颈位置。Long 等[29] 采用 FUA 方法来判断气相的通过面积，来辨识精馏塔内部的液泛问题，进而采取热泵和热耦合精馏相混合的措施实现解瓶颈与改造操作。他们所提的㶲分析方法虽能够直观指示出系统的瓶颈位置，但只是针对单一进料或者二元精馏塔的情况，对于多股进料和多组分分离显得乏力。Shin 等[30] 采用㶲分析作为热力学工具来研究在天然气液体回收过程中不可逆的能量损失，探寻系统中的无效操作与设计。这些是制约精馏塔系统用能的瓶颈，也从计算上给出相应的判断准则。与用来进行瓶颈分析或者设备改造相比，㶲分析方法更主要是用来判断设备改造或者操作过程中无效能的量，是一个重要的能量效率的衡量指标[30~32]。

考虑到脱甲烷塔的多股进料及多组分的复杂性，且㶲计算过程极为复杂，㶲分析相关的节能研究方法并不太适用于复杂进料的情况，需要结合内部传热/传质的机理找到针对多股进料精馏塔的瓶颈识别方法。

近年来，随着计算机辅助求解技术的进步，流程模拟或数学优化法因其考虑多因素的方便性，并且能直接实现系统重构或改造方案的便捷实施而得到广泛的关注。根据文献记载，自 20 世纪 80 年代以来，工业过程中的设备改造投入不断加大，占总投入的 70%～80%[27]。在精馏过程中，随着市场对于新产品及产量需求的不断提高，能源紧缺，原始设备很大程度上造成能量的浪费或者不能满足需求，需要对精馏过程进行有效的改造。精馏装置改造技术应运而生，主要包含热泵系统的应用[29,33~43]、自热再生技术[44~48]、进料状态调整的研究[11,49~51]、再沸器和冷凝器的利用及改造[52~55]、精馏塔塔板结构的改造[27] 等方面。

（1）热泵系统的应用 若精馏塔具有相对较低的热力学效率，则可以通过再沸器输入一个较高品级的能量来完成分离任务。同时，需要由塔顶的冷凝器提供同样数量的冷量来抵消塔底的热量，热泵的概念便应运而生，目的是提高精馏塔的能量利用效率。对于蒸汽压缩式热泵，选用一种合适的工作流体，该流体在冷凝器被蒸发后，通过压缩机重新压缩到一个较高的温度，并在再沸器中被冷凝，然后通过一个节流阀达到低于冷凝器的温度。在此过程中，热泵系统中合适的工作流体是设计中的一个重要的参数。考虑到一些馏分气的不可压缩性，蒸汽压缩式仅适用于一些特殊的热泵系统。蒸汽压缩式技术对于处理具有腐蚀作用和容易结垢的化合物相当有效[33]。相比之下，机械式蒸汽再压缩热泵则广泛应用于具有相似沸点的混合物的分离过程。塔顶的气相馏出物经压缩机压缩到达一个即使在较高温度下也能冷凝的压力，进而能为再沸器提供有效的热能，使得再沸器和冷凝器需求的额外能量下降[34~37]。机械式蒸汽再压缩热泵技术对挥发性相对较低的混合物是较经济有效的。由于塔顶和塔底的温差较小，它需要较小的压缩比，压缩机的功率也就较低[38]。机械式蒸汽再压缩热泵技术比蒸汽压缩热泵所需要的冷凝器更小，并且仅进行一次热交换，精馏塔的热效率较高[39]。热蒸汽再压缩热泵是对机械蒸汽再压缩式热泵的改进，用一个蒸汽喷射器来代替原来的压缩机进行工作。由于蒸汽喷射技术的优点，热蒸汽再压缩技术得到了广泛的应用[40]。蒸汽喷射器通过文丘里效应，从进入变径管道的射流流体中获得机械能，进而使得热蒸汽再压缩技术具有较强的鲁棒性，同时设备中不含有旋转部分，也就降低了设备投资和维护费用[41,42]。输入流体与塔顶馏分的混合可以达到需要的温度，这种技术比较适合塔顶产物中含水蒸气的精馏过程[43]。底部闪蒸热泵是一项重要的改造技术，来自精馏塔的底部流股在闪蒸罐内分成两部分：一部分作为最终的产品；另一部分先通过减压阀降低自身温度，再与塔顶出料流股进行热交换，随后被压缩到与塔相同的压力[37]。

（2）自热再生技术 热泵的技术仅考虑到了精馏塔再沸器的热量回收，并未对进料预热所需的热量进行考虑，而自热再生技术则是通过压缩机充分利用系统的潜热和显热[44~46]。Kansha 等[47] 在自热再生技术的基础上，提出一种有效的、促进精馏塔能量利用的集成过程模型。将精馏塔分为两个模型，两个模型之间通过压缩机和换热器实现潜热及显热的再生利用，从而降低了整个过程对外部能量的需求。这种技术既可以应用于精馏塔的原始设计问题，也可以应用于对精馏塔系统的改造，且已经广泛应用于流程工业[48]。当塔板的数目及直径等结构参数固定时，增加压缩机及换热器的数目能有效降低精馏系统对外部能量的需求，与精馏塔的重新设计相比，改造过程也较容易实现。

（3）进料状态调整　将进料流股分成两股，并对其中一股流股进行预热，能够将预热效率提高[49,50]。根据组合曲线的特点，进料的预热或者预冷能分别有效地改变塔底再沸器或者塔顶冷凝器的热负荷和冷负荷的用量。Soave 和 Feliu[51] 通过回收塔底部产品中的有效热能并对进料进行预热，能够降低底部再沸器对外界热能的消耗，从而使精馏塔达到节能的效果。他们应用稳态流程模拟的方法，通过迭代计算来确定能使工业精馏塔节能达到50%的进料分流比，并且得出在冷凝器的温度低于环境温度的精馏塔中，最小化冷量的消耗对于节能是至关重要的。Soave 等[11] 对深冷分离塔进行了分析，结合进料分流的应用，研究了利用塔顶产品对进料进行预冷操作来降低塔顶冷凝器的冷量消耗。精馏塔进料的热状态对精馏塔的处理能力具有强烈的影响[9]，且对于组分较难分离的过程尤为明显。而改变进料的热状态的研究主要集中在单一进料或者二元精馏塔方面，也可以用来分析更加复杂的精馏塔。

（4）再沸器和冷凝器的利用及改造　为了最小化能量的消耗，通常通过回收塔底液相产品的热量来为精馏塔的底部提供能量[52,53]。Manley[52] 应用中间再沸的技术提高天然气的回收率，这主要应用于脱乙烷塔和脱丙烷塔的节能研究中。当塔底的产品中含有较多的重组分时，中间再沸器的热效应会更为明显。且在中间再沸器的应用中，抽出的流股与返回的流股一般在同一块塔板上。通过对比，含有中间再沸器的精馏塔能够大幅度地降低热公用工程。Bandyopadhyay[54] 通过对精馏塔的热集成研究，发现使用侧线换热器也能有效提高精馏塔的㶲效率。对于低温精馏塔，通过中间冷凝器和中间再沸器的联合使用，能够有效降低能量的消耗[55]。对于精馏塔来说，相关研究也表明中间再沸器和冷凝器的使用能够允许精馏塔产量的增加[9]。同时，两者的使用也能改变精馏塔内部的气液相流股的分布,使塔内部气液相相对塔面积的使用更加一致。由于中间再沸器的存在,精馏塔底部的气液相拥堵的现象得到了有效缓解。因此,增加中间再沸器的过程改造增加了整个塔的使用面积。中间再沸器能够有效减少下部塔板的液相流量,并且增加上部塔板的气相流量。相似地,中间冷凝器能够减少上层各塔板的气相流量,增加下层各塔板的液相流量。

(5) 精馏塔内部结构的改造方面　随着精馏塔塔板结构的迅速发展,产生了一系列高效的塔板结构。对精馏塔的内部结构参数进行分析,用高效的塔内部结构替换原始内部结构能有效提高精馏塔的分离效率和能量利用率。因而,内部结构的改造是一种快速有效的精馏塔的改造措施。用新的内部结构元件代替现存设备元件的方法,能够使精馏塔的处理量明显提升,但这并非是唯一的选项,也并不是最经济的改造方式。这种更换元件的方式是最直接且有效的方法,但是设备改造的费用较高,停工期较长[27]。

在众多的精馏装置改造方法中,核心应用技术是根据要求建立相关系统的数学优化模型,选取目标函数,采用合适的数学优化算法,通过求解得出最终的流程重构策略或者改造方案。代表性的研究主要包括 Diaz 等[56] 和 Luo 等[57] 建立混合整形非线性规划的 (mixed integer nonlinear programming,MINLP) 数学模型,并采用相应的求解方法实现对精馏塔结构的优化,从结构上实现对精馏系统进行去瓶颈操作。这种方法可被看作是一类"黑箱"的研究方法,不必事先识别瓶颈的位置,也就降低了识别系统瓶颈的难度。但去瓶颈的改造方法实施的过程往往极其复杂,且最优解也并不一定存在。在此基础上,引入图示化的分析方法能够有效降低"黑箱"分析方法的难度。尹洪超等[58] 做了相关研究工作,提出基于超结构模型的数学规划方法与全局夹点分析相结合的设备改造方法对老旧设备进行改造。该研究方法较类似于常说的"灰箱"研究法,在部分夹点法分析结果的基础上进行优化计算,能够从很大程度上降低优化求解的难度。无论是哪种操作方法,都需要建立设备改造的结构化优化模型,并且需要实现优化问题的求解。这些在实际的过程中都是不易求解且不易操作的,且所建立的结构优化模型的可靠性也需要不断验证。

为确保能够方便得到识别出的系统的瓶颈位置并得到相应的调整方案，通过对比瓶颈识别方法和设备改造方法的优缺点，裂解装置多组分、多股进料的脱甲烷塔的瓶颈识别方法可以从图示法的角度出发，研究出新的通过表达塔内部传热/传质特性的可视化方法来识别多组分、多股进料精馏系统瓶颈的方法。

在设备的生产过程中无论是即将投入生产的新设备还是经过改造的老旧设备，在运行一段时期后都会存在操作点改变的问题，导致设备在运行过程中系统的能耗和物耗较高，重新进行设备改造成本较高且不易实施。与之相比，操作条件的优化是降低系统成本、提高经济效益的绝佳手段[58~62]。

精馏过程中的操作变量对产品产量和能耗具有重要的影响，在精馏系统生产过程中应对其进行优化操作，根据研究的侧重点的不同，可以进行不同的划分。从对象的复杂程度上说，主要可以分为单一精馏操作的单塔优化和核心精馏系统与外围设备的协同优化。从操作优化实现的对象形式上，文献的研究主要采用建模及模型仿真的方式对精馏塔装置进行仿真，根据对象的特性的不同，一方面可以建立优化问题后采取各种类型的求解方法，得到最优的操作参数；另一方面可以通过变量分析得到参数之间的相互影响规律，并对其调整实现最优化的操作。从操作优化问题的求解优化算法上来说，主要分为普通优化算法和智能优化算法。从操作优化的实效性上来说，分为在线优化和离线优化两种。

为获取精馏塔系统的最优操作条件，学者们往往从建立研究对象的仿真模型开始，在此基础上采用不同的优化方法实现所建立对象的操作条件优化问题的求解。刘兴高等[63] 提出理想物系内部热耦合精馏塔的操作费用的估计方法，即通过建立的过程操作费用的优化数学模型来进行操作费用节省的优化。这种优化问题的求解既能够揭示出操作费用的节省潜力，同时又能得到最大操作费用节省目标下过程的最优操作条件。邵之江等[64] 根据开放式方程建立了精馏塔的严格机理优化模型，考虑优化操作的实时性要求，提出基于简约空间序列二次规划算法的精馏塔智能操作优化方法。此方法综合考虑了优化效益、优化求解时间和质量约束等因素，其计算效率高于基于 Snopt 软件包和一般简约空间二次规划算法的精馏塔操作优化方法。针对精馏塔操作优化问题自由度低、模型结构稀疏且导数难以得到解析解的问题，江爱朋等[65] 对文献 [64] 所提出的方法进行了拓展，将简约空间序列二次规划算法与混合求导方法相结合，建立精馏塔操作优化的问题，并采用自动微分技术进行优化问题的求解。席永胜等[66] 通过从历史数据中挖掘模糊规则，结合专家经验建立模糊规则库，描述进料量、回流比与塔顶产品浓度之间的映射关系。提出了一类含模糊规则约束的数学规划模型，并将采用合成推理方法得到的模糊系统作为数学规划问题的等式约束，最后采用融合模糊推理的遗传算法进行求解来获得精馏塔的最优操作条件。文献 [63～66] 的研究主要包含优化模型的建立，实现优化问题的求解，最终得到最优的操作条件。其计算求解的过程往往复杂，一般较难得到操作优化问题的最优解。

　　考虑到通过模型计算来求解最优操作问题的难点，基于仿真软件的模型仿真操作条件分析易于操作且结果准确性较高，不用求解大量的数学优化问题。Nakaiwa 等[67] 通过模拟仿真的方式对理想热集成精馏塔进行了参数分析，分析过程设计和操作变量的影响关系，并为过程配置提供相应的指导，这种方式得到的过程结构具有较高的能量利用效率和灵活性。Gadalla 等[68] 考虑到炼油厂蒸馏系统的能量密集性，以及与相关联的换热网络之间关系的复杂性，采用蒸馏塔模拟开发的快捷模型与用于换热网络研究的改进快捷模型相结合的方式，通过改变关键操作参数来优化现有的蒸馏过程，同时考虑内部的水力限制以及现有热交换器网络的设计和性能，取得了不错的经济效益。同样，根据对仿真模型中的操作参数的分析，罗雄麟等[69] 提出均衡操作优化的观点，认为乙烯精馏塔系统总能耗应该同时包含精馏塔自身能耗与塔底乙烷循环裂解的能耗，且两者之间此消彼长。仿真及数据分析能够得出两者之间的相关性并且证实总能耗存在最优点。对于操作的调整，只要将两者控制在相应的可行域内，即可实现两者之间的均衡操作优化，得到较高的回收率和较低的能耗，方便且易于实现。Liau 等[70] 使用由一组经验丰富的工程师所提供的专业知识建立原油蒸馏的专家系统，用具有人工神经网络（ANN）方法的输入-输出数据来构建原油蒸馏操作模型的知识数据库，并利用定义的目标函数找到最佳操作条件。Inamdar 等[71] 建立了精馏塔的稳态模型并通过工业数据进行校正，采用非支配排序遗传算法实现对上述模型进行操作优化问题的求解，并且在可接受的限制下获得系统的最佳操作条件。仿真的分析能够有效识别最优的操作变量，但要得到最优操作变量的值还要采取相应的求解方法，对于数学模型以及实时优化问题的建立难度大且计算量较大；相反，根据过程操作数据能快速得到神经网络模型，并且评估计算时间短。Osuolale 等[32] 在 HYSYS 仿真的基础上建立考虑有效能效率和产品组成的神经网络模型，实现了在满足产品质量约束的同时有效能效率最大化的操作优化。

工厂内实际的操作对象往往流程极其复杂，为实现复杂问题的简单化，Tahouni 等[72] 考虑到低温分离系统内部的核心过程分离塔与外部换热网络及制冷循环系统之间的复杂关系，首先对单个系统分别进行操作参数的优化，而后采用遗传或者模拟退火算法实现对整个系统的协同优化，进而证明协同优化能够获得更高的经济效益。Luo 等[73] 分析了蒸馏过程的操作变量对产品产量和能耗的影响。最低能量消耗和最大产品产出值的目标不协调，会阻碍炼厂的经济利益，因而提出了一种系统优化方法，在 Aspen Plus 对蒸馏塔模拟的基础上，采用夹点分析来确定能量回收的目标，并建立非线性规划问题，再通过粒子温敏随机算法进行解决，适用于同时考虑产品产量和能耗来实现原油蒸馏系统年经济效益最大化。无论是由单系统到整个系统的协同优化，还是整个系统的系统优化方法，都需要解决最终优化问题的求解，而求解方法往往较烦琐，常规数学求解方法又较为乏力。上述的优化方法一般是离线操作优化方法，也不适用于在线操作优化或者较为实际的优化操作。

目前对于操作优化方法的研究文献多集中在根据建模或者仿真的方式去实现离线的优化，且操作的对象往往不是实际对象本身，这样优化出的结果往往并不能直接应用到实际的装置上，因而能够直接应用于实际对象的操作优化方法显得更具有市场应用前景。本书将从关键操作单元的操作优化和整个系统的操作优化的角度，探讨多股进料脱甲烷塔装置操作条件优化的问题，并为实际装置操作优化问题的解决提供直接应用的范例。

针对本书中所涉及的研究对象——脱甲烷塔装置，王松汉等[74] 认为脱甲烷部分的冷量消耗约占总负荷的 12%，甲烷-氢的分离效果直接影响产品的纯度和后续的分离工序，是裂解气分离的关键。研究关键流程脱甲烷塔的操作条件直接关系到乙烯的产量、质量及成本的高低[75]。学者们对于脱甲烷塔装置的研究主要集中在对脱甲烷塔的改造优化方面和对塔的控制方法的研究方面。

对于优化问题的考虑，王弘轼等[76] 在对低压脱甲烷系统进行计算机模拟的基础上，建立了以系统乙烯损失与能耗之和为目标函数的最优化数学模型，采用可行路径序贯模块法为最优化计算策略，结合广义既约梯度法对该系统实施优化计算，找出了对系统目标函数影响较大的可调决策变量及其最优化条件。他们对优化决策变量的选择及中等规模化工系统的优化策略进行了有益的探索。张元生[77] 从操作条件出发分析了影响乙烯装置脱甲烷塔运行的主要因素，并针对乙烯装置改造后脱甲烷塔存在的问题进行了探讨。采用提高塔压、节流膨胀等方法改善脱甲烷塔的操作，减少了塔顶乙烯损失，提高了乙烯产品收率。Yang 和 Xu[78] 在严格仿真模型的基础上，应用灵敏度分析的方法确定系统的最优操作变量，针对冷箱和脱甲烷塔的集成系统，建立了塔顶乙烯损失和能量消耗最低的目标函数，求解得到了最优的操作变量。赵晶莹等[79] 在实际工厂数据的基础上，建立系统的仿真模型，根据优化系统中通过压缩机的循环量，进而实现对整个系统的节能优化。

对于改造问题的考虑，蒲通等[80] 针对脱甲烷塔通过能力差、乙烯损失大等问题，应用流程模拟软件进行模拟计算，得出 CH_4/H_2 摩尔比塔顶操作压力、塔顶温度等影响乙烯回收的因素，并给出了相应地降低乙烯损失的操作措施。冯利等[81] 通过模拟计算，认为将脱甲烷塔经过填料改造代替原来的浮法塔板，可带来系统的稳定操作和能耗的降低。陆恩锡等[82] 在原始的脱甲烷系统的基础上，应用流程模拟开发出一套新系统，虽然新系统能达到节能的目的，但新流程的改造实施过程复杂，成本较高。张海涛[83] 采用水力学计算的方法，从脱甲烷塔内部改造的角度出发，降低脱甲烷塔的乙烯损失率。Nawaz 等[12] 建立利润的经济目标函数，应用模拟退火算法寻求系统最优的设备尺寸和操作条件。

综上所述，对于乙烯裂解装置脱甲烷塔的研究，目前文献的研究限制在应用流程模拟或者操作条件优化对脱甲烷塔本身的改造和操作条件修改的范畴，未从脱甲烷塔的进料位置分布对内部传热/传质特性的影响以及瓶颈分析、进料位置的流程重构的设计方面进行研究。

与脱甲烷塔的控制策略相关问题的研究也是一个重要的课题，金冶[75]主要从传统的控制器控制方法进行研究，探讨塔的控制方法，以保证产品的质量指标，未考虑其他的因素。方红飞等[84]通过流程模拟，在脱甲烷系统内部引入质量控制回路，并通过控制系统的闭环动态模拟为脱甲烷塔的操作优化和控制系统设计提供决策依据。针对脱甲烷塔的进料状态随进料位置的差异，Luyben[85,86]对脱甲烷塔系统的动态控制进行了研究，提出脱甲烷塔的进料中甲烷和乙烷的相对数量对深冷高压精馏塔塔底产品有重要影响，同时分析了进料组成对脱甲烷塔设计的影响，提出随着进料组分数量的变化，应该对设备进行有效的改造。但同时考虑脱甲烷塔关键指标控制与系统能量优化的控制策略并未提及，针对多组合进料位置的切换问题也未涉及。

综合分析以脱甲烷塔为主要研究对象的文献，主要限制在应用流程模拟或者操作优化对脱甲烷塔的内部结构、外围设备的改造以及操作条件的优化方面，而对多股进料脱甲烷塔内部传热/传质的分析、进料位置调整的控制方法及控制与能量优化相结合的控制策略的研究较少。本书从脱甲烷塔内部的传热/传质的分析研究出发，研究进料位置对内部的传热/传质的影响规律，进而实现系统的瓶颈分析及流程重构的设计，在进料位置切换的流程重构过程中同时解决关键指标的控制与系统能量的协同优化等问题。

第3章

脱甲烷塔装置仿真平台的建立

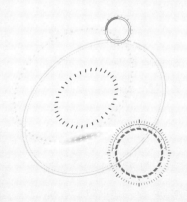

　　要了解乙烯裂解过程中脱甲烷装置能量利用及分离的瓶颈，并研究出对于类似装置的瓶颈识别方法及流程重构的策略，在实际的工业生产装置上开展研究是最直接而有效的途径。但考虑到在实际的工业生产中，由于生产指标及操作安全等因素，不允许直接对常规运行的装置进行操作分析及大规模流程调整作业，为了准确地了解实际装置的特点，针对原始装置进行分析并得出控制方法，对实际装置进行流程模拟，建立仿真平台是较常用的方法。结合实际装置提供的生产数据及装置的设计施工参数建立脱甲烷塔装置的仿真平台，再对具有相似特点的装置模型进行研究，这种方法在实际装置上的应用具有较大的参考意义。在装置的整个生命周期内，过程装置的研究开发、设计、生产及装置的淘汰，各个阶段均离不开化工过程模拟，因此对于脱甲烷塔的节能研究可以通过装置的仿真来进行。

　　化工过程模拟软件是一种应用型计算机程序，用于实现单元过程以及由这些单元过程所组成的化工过程系统的模拟软件（模拟计算流程）的研发。从 20 世纪 50 年代中期开始，经过半个多世纪的发展，化工过程模拟软件已经逐步走向专业化、商业化的发展方向，模拟计算的复杂程度和准确性越来越高。Aspen Tech 公司的 Aspen Plus，Simulation Sciences 公司的 Pro-Ⅱ，加拿大 Hypro Tech 公司的 HYSIM 等是其中的重要代表。

　　根据各种软件实现的功能的不同，选择合适的软件进行相应的过程模拟至关重要。此外，正确的物性方法在流程模拟中扮演着重要的角色，是模拟准确与否的关键因素。化工过程模拟较为复杂的主要原因在于它包含较为复杂的物性计算过程，若能在建模的过程中选择出合适的物性计算软件，取代这些复杂的物性参数的显式计算过程，则能够降低模型的复杂程度。同时，专业的物性计算软件比直接从工具手册中得到的数据参数更加可靠。对于化工装置的模拟，应根据其化工过程的基本原理与方法进行。

　　为了实现对给定装置的模拟，需要根据装置的施工图了解装置内部各部分实现的功能及装置内部个操作单元之间的连接关系，进而对装置进行划分。对于一些常见操作单元的建模问题，可根据文献中是否有相关的研究来处理，若所研究的对象在文献中有所涉及，则可以借鉴其模型为装置建模服务，能有效降低系统建模的难度。对于那些未有相关报道研究或者对于自己所涉及的相关课题过于复杂的模型，可以根据化工过程的基本原理简化模型的建模，进而得到与实际装置输出较为接近的模拟结果。

考虑到流程模拟的重要意义，本章主要基于国内某乙烯厂的脱甲烷塔装置的实际运行数据及工艺流程图，讨论建立乙烯裂解过程脱甲烷塔装置的仿真平台的方法。为解决装置内部核心操作单元的建模和整个装置的建模问题，对脱甲烷塔装置平台进行动态仿真，并对仿真平台的准确性与可靠性进行验证。

3.1　脱甲烷塔装置平台建模

3.1.1　脱甲烷塔装置的仿真平台简介

脱甲烷塔系统主要包含原料的预冷和脱甲烷塔两个部分，其冷量消耗约占总冷负荷的一半。甲烷-氢气分离主要是利用低温，在脱甲烷塔内部使得裂解气中除甲烷和氢气以外的各种组分全部液化，进而将不可凝气体甲烷和氢气分离出去。脱甲烷部分的冷量消耗约占整个系统总负荷的12%，并且甲烷-氢气的分离效果直接影响产品的纯度和后续的分离工序，是裂解气分离的关键。因此在整个深冷分离系统中，都是围绕着脱甲烷-氢气来展开的。

对于脱甲烷塔而言，其轻关键组分为甲烷，重关键组分为乙烯。在脱甲烷塔中分离甲烷-氢气，一方面要使塔顶尾气中的乙烯含量尽可能低，以提高乙烯的回收率；另一方面要使塔釜的甲烷含量尽可能低，以提高乙烯的纯度。与此同时，还要尽可能地降低能量的消耗。脱甲烷塔装置的研究对于提高乙烯回收率、增加乙烯纯度和降低能耗均有较大的帮助，因此乙烯裂解过程脱甲烷塔的建模具有重要的意义。

根据乙烯裂解过程脱甲烷塔装置工艺流程图（图 1.2），从实现的功能上说，整个系统主要分为前置预冷和脱甲烷塔两个部分。预切割塔的裂解气先后经过换热器 E317、E308、E318、E309 预冷后，再经过一系列的串联闪蒸操作构成脱甲烷塔的四股进料。经过闪蒸罐 T304 分离处理的裂解气，重组分流股经过冷箱 E316 换热成为脱甲烷塔的第三股和第四股进料，而轻组分经过冷箱 E314 和 E310 降温继续作为下一级闪蒸罐 T305 的进料。闪蒸罐 T305 的液相重组分流股作为脱甲烷塔的第二股进料，而气相轻组分流股经过冷箱 E312 换热作为闪蒸罐 T306 的进料。闪蒸罐 T306 的液相产品经过冷箱 E312 回收冷量，作为脱甲烷塔的第一股进料，而气相部分经过冷箱 E311 进入闪蒸罐 T307 分离成更高纯度的氢和甲烷。塔顶气相流股经过冷箱换热及往复式压缩机 K-302 加压提供动力，作为脱甲烷塔的回流。从流程上看，四股进料的状态既受冷箱的影响，又受闪蒸罐操作条件的影响。当四股进料状态固定时，四股进料的位置直接影响到脱甲烷塔的分离效果。

从各部分实现的功能角度来说，整个系统主要包含五个不同功能的子系统：压缩机系统、冷箱系统、闪蒸罐系统、脱甲烷系统和换热器系统，如图 3.1 所示，图中有向箭头代表各子系统之间存在的流股连接关系。换热器系统对裂解气进料进行预冷，同时为脱甲烷系统提供热量。闪蒸罐系统实现对裂解气的粗分离，产生脱甲烷塔的不同能级的四股进料，同时分离出裂解气中的氢组分，进而得到高纯氢气。脱甲烷塔主要实现甲烷-氢气与其他重组分气体的分离，是整个裂解气分离过程中温度最低的分离塔。冷箱系统实现进料的预冷和产品中冷量资源的回收，对整个系统的节能具有重要意义。压缩机系统作为整个系统能量的主要来源，为裂解气的分离提供能量并

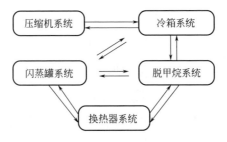

图 3.1   乙烯裂解过程脱甲烷塔装置内部子系统关系图

得到高压甲烷产品。

对比学者们对系统内的各个子系统相关模型的研究现状，在对整个系统建模的过程中，主要采用首先分别对各个系统进行建模，然后再将各个子系统进行连接，进而得到整个脱甲烷装置的模型的解决策略。针对压缩机系统、换热器系统和闪蒸罐系统，罗雄麟课题组对相关模型均有深入的研究及建模[87~89]，直接采用相关研究模型方程，方便实现上述三个子系统模型的建立。而对于冷箱系统，内部主要涉及板翅式换热器的建模问题，陈长青课题组[90~93]采用机理建模方法解决多层板翅式换热器模型的分析求解问题，其中较多地涉及换热过程参数及物性的计算，且后续的研究也主要在于板翅式换热器的设计问题，而对于较复杂的系统，这些计算方程会极大地增加模型求解的难度，本书重点讨论从调用外部物性数据库的角度来提出新的冷箱系统的简化计算模型，以降低冷箱模型计算的复杂度。对于脱甲烷塔系统，在传统的单进料精馏塔模型的基础上，将多股进料的特点纳入该模型并给出脱甲烷塔的模型。综上所述，本小节的研究主要涉及冷箱换热器的简化计算模型、多股进料脱甲烷塔的机理模型以及各子系统之间连接问题的解决策略。

在对整个系统建模时，首先分别对各个子系统进行建模，再将不同的系统组合，进而得到脱甲烷塔装置的整体模型，能够有效降低系统的整体建模的复杂度，同时也便于程序的调试，是行之有效的策略。本小节将在详细了解各子系统功能的基础上，选择合适的平台软件，分别对各子个系统模块完成建模，而后再完成对整个乙烯裂解气分离过程脱甲烷塔装置的仿真平台的建立及仿真验证。

3.1.2　仿真软件及物性方法的选择

为了能够建立出脱甲烷塔装置的准确仿真模型，选择合适的仿真软件和模型设计方法是必要的前提。序贯模块法和联立方程法是两种仿真设计的常见设计思路。自从 20 世纪 90 年代，基于序贯模块法的稳态仿真技术便获得了广泛应用，例如常见流程模拟软件 Aspen Plus 和 Pro-Ⅱ，但是序贯模块方法对于实现动态模型的仿真与优化存在诸多的不便性。考虑到传统的序贯模块法在模型计算中的不便性，帝国理工大学系统工程实验室推出了基于联立方程法的 gPROMS（general PROcess Model System）软件，并能够较好地处理大规模方程组的计算求解问题。同时针对物性计算的问题，gPROMS 软件提供了多种与其他软件的接口程序，方便在仿真调试过程中调用其他软件完成模型功能的拓展，从而降低了建模的难度。基于该软件在功能上的便利，为实现平台系统的动态建模及方便对模型中的各个变量的调用和讨论分析，本书选用 gPROMS 软件来实现平台的建立。考虑到 Aspen Properties 物性数据库强大的计算功能，且 gPROMS 软件方便通过 Cape-Open 接口与其进行数据的交换，因此将结合这两款常用软件实现对整个装置的建模。

Aspen Plus 为用户提供的物性模型分为理想模型、状态方程模型、活度系数模型和特殊模型，且第二种和第三种较为常用。同时，也为用户提供了多种物性方法，其选择取决于物系的非理想程度和操作条件，可以根据经验法和 Aspen Plus 的帮助系统进行选择[94]。物性方法选择示意图如图 3.2 所示，且在气体加工过程中，一般选择 PR 和 SRK 物性方法。因此，在物性方法的选择方面，将分析各种物性方法所适用的对象，并选择 Peng-Robinson（PR）状态方程[95,96] 进行物性参数的计算。

3.1.3　冷箱换热器简易模型

乙烯裂解过程脱甲烷装置包含多个冷箱换热器，它们共同组成冷箱系统，是实现流股降温的主要能量交换场所。与常规双流股换热器相比，它包含多股换热流股，如一股热流与两股冷流之间的换热，如图 3.3 所示为冷箱换热器的简易模型。在普通的两流股换热器中，当输入物流固定时，输出物流的温度随着换热器的确定而确定。而对于多流股的多层冷箱换热器，输出温度受到其他换热器输入流股及传热系数的影响。如图 3.3 所示的冷箱换热器，其热流层的温度同时受到两个冷流层的影响，热流进口温度的变化直接影响到其他两股冷流。这种层叠式的换热器能够有效减小空间消耗，其传热效率也比普通换热器更高[97]。

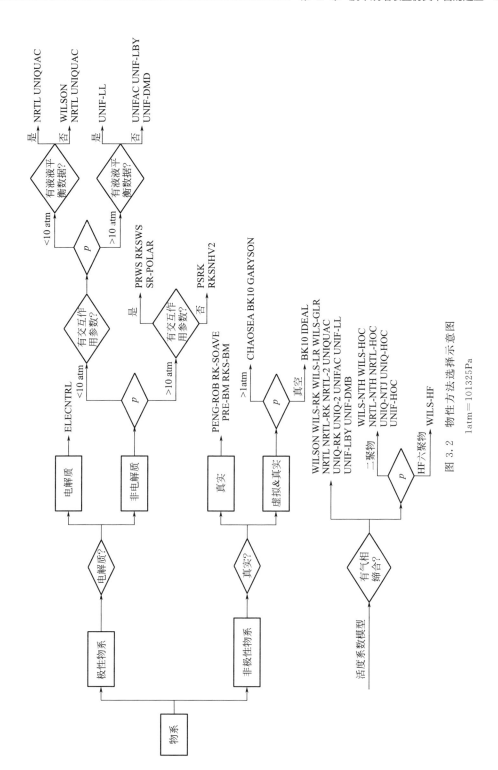

图 3.2　物性方法选择示意图

1atm＝101325Pa

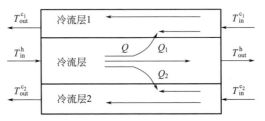

图 3.3 冷箱换热器的简易模型

考虑三种常见的换热器流股分布关系——并流、逆流及错流[97]，逆流换热在实现热量传输最大方面具有优势，因而本书采用逆流换热方式建立冷箱换热器的计算模型。图 3.3 所代表的模型是整个流程中冷箱换热器 E311 的简化模型，表示一股热流与两股冷流之间的冷量交换。假设存在冷箱换热器 u，两股冷流和一股热流之间的热量交换计算方程如式(3.1)～式(3.13) 所示，冷箱换热器对应的流股间的传热系数可以根据换热设计要求计算求解。按照流股之间的换热匹配关系，拓展上述方程，可以分别得到其他各个冷箱换热器的模型方程，并通过相关计算可以求解得到冷热流股的出口温度。

$$F_{in}^{c_1} = F_{out}^{c_1}$$

$$F_{in}^{c_2} = F_{out}^{c_2} \tag{3.1}$$

$$F_{in}^{h} = F_{out}^{h}$$

$$Q_1 = F_{out}^{c_1} H_{out}^{c_1} - F_{in}^{c_1} H_{in}^{c_1} = KA_1 \Delta T_1 \tag{3.2}$$

$$Q_2 = F_{out}^{c_2} H_{out}^{c_2} - F_{in}^{c_2} H_{in}^{c_2} = KA_2 \Delta T_2 \tag{3.3}$$

$$Q = Q_1 + Q_2 = F_{in}^{h} H_{in}^{h} - F_{out}^{h} H_{out}^{h} \tag{3.4}$$

$$p_{out}^{c_1} = p_{in}^{c_1} - \Delta p^{c_1}$$

$$p_{out}^{c_2} = p_{in}^{c_2} - \Delta p^{c_2} \tag{3.5}$$

$$p_{out}^{h} = p_{in}^{h} - \Delta p^{h}$$

$$\Delta T_1 = \frac{(T_{in}^{h} - T_{out}^{c_1}) - (T_{out}^{h} - T_{in}^{c_1})}{\ln \dfrac{T_{in}^{h} - T_{out}^{c_1}}{T_{out}^{h} - T_{in}^{c_1}}} \tag{3.6}$$

$$\Delta T_2 = \frac{(T_{in}^h - T_{out}^{c_2}) - (T_{out}^h - T_{in}^{c_2})}{\ln \dfrac{T_{in}^h - T_{out}^{c_2}}{T_{out}^h - T_{in}^{c_2}}} \qquad (3.7)$$

$$H_{in}^{c_1} = H(T_{in}^{c_1}, p_{in}^{c_1}, Z_{in}^{c_1}) \qquad (3.8)$$

$$H_{out}^{c_1} = H(T_{out}^{c_1}, p_{out}^{c_1}, Z_{out}^{c_1}) \qquad (3.9)$$

$$H_{in}^{c_2} = H(T_{in}^{c_2}, p_{in}^{c_2}, Z_{in}^{c_2}) \qquad (3.10)$$

$$H_{out}^{c_2} = H(T_{out}^{c_2}, p_{out}^{c_2}, Z_{out}^{c_2}) \qquad (3.11)$$

$$H_{in}^{h} = H(T_{in}^{h}, p_{in}^{h}, Z_{in}^{h}) \qquad (3.12)$$

$$H_{out}^{h} = H(T_{out}^{h}, p_{out}^{h}, Z_{out}^{h}) \qquad (3.13)$$

式中，$u \in \{E310, E311, E312, E314, E315\}$；下标 in 和 out 分别表示输入与输出流股；上标 h、c_1 和 c_2 分别表示热流股和冷流股 1、2；F 表示冷箱换热器 u 的每一层流体的摩尔流率，kmol/h；T 表示流股的温度，K；p 表示流股的压力，MPa；Z 代表流股的摩尔组成；式(3.8)~式(3.13) 中的符号 $H(\cdot)$ 表示摩尔热焓，其是温度、压力和摩尔组成的函数，kJ/kmol；ΔT_1 和 ΔT_2 表示冷热流股之间的对数平均温差，K；Δp 表示流股流经换热器的压力降，MPa。KA_1 表示热流股 h 与冷流股 c_1 之间的总传热系数与传热面积之积，kJ/K；KA_2 表示热流股 h 与冷流股 c_2 之间的总传热系数与传热面积之积，kJ/K。

3.1.4 脱甲烷塔模型

与普通的单进料精馏塔相比，多股进料脱甲烷塔包含多个进料位置，使得其在模型上比常规精馏塔更加复杂，但在建立脱甲烷塔模型的过程中仍满足 MESH 方程。假设精馏塔总共包含 n 块理论板，第 i 块进料塔板上的进出流股分布如图 3.4 所示。根据精馏塔的平衡级假设[89]，进料板处的 MESH 方程以及水力学方程分别如式(3.14)~式(3.20) 所示。

物料守恒方程

$$\frac{dM_i}{dt} = F_i + V_{i+1} + L_{i-1} - S_i - V_i - L_i \qquad (3.14)$$

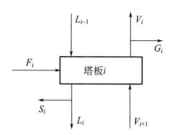

图 3.4 脱甲烷塔第 i 块进料塔板上的进出流股分布

$$\frac{\mathrm{d}M_i x_{i,j}}{\mathrm{d}t} = F_i z_{i,j} + V_{i+1} y_{i,j} + L_{n-1} x_{i-1,j} - V_i y_{i,j} - S_i x_{i,j} - L_i x_{i,j}$$

(3.15)

根据式(3.14) 和式(3.15) 可以得到式(3.16)。

$$M_i \frac{\mathrm{d}x_{i,j}}{\mathrm{d}t} = F_i z_{i,j} + V_{i+1} y_{i,j} + L_{i-1} x_{i-1,j} - V_i y_{i,j} - (S_i + L_i) x_{i,j}$$
$$- (F_i + V_{i+1} + L_{i-1} - V_i - S_i - L_i) x_{i,j}$$

(3.16)

假设塔板为理论板，且板效率为 100%，则相平衡方程则为式(3.17)。

$$y_{i,j} = k_{i,j} x_{i,j}$$ (3.17)

归一化方程

$$\sum_{j=1}^{c} y_{i,j} = 1$$ (3.18)

能量守恒方程

$$\frac{\mathrm{d}M_i H_i^{\mathrm{L}}}{\mathrm{d}t} = F_i H_i^{\mathrm{F}} + V_{i+1} H_{i+1}^{\mathrm{V}} + L_{i-1} H_{i-1}^{\mathrm{L}} - V_i H_i^{\mathrm{V}} - (S_i + L_i) H_i^{\mathrm{L}} + Q_i$$

(3.19)

水力学方程[89]

$$M_i = \rho_i^{\mathrm{L}} A_{a_i} \left[h_{w_i} + 0.00284 \left(\frac{L_i}{\rho_i^{\mathrm{L}} l_{w_i}} \right)^{\frac{2}{3}} \right]$$ (3.20)

式中，$x_{i,j} \in X$，$y_{i,j} \in Y$，$z_{i,j} \in Z$，分别表示第 i 层塔板上的液相、气相及进料中的第 j 种组分的摩尔分数；F 表示进料的摩尔流率，kmol/h；V 和 L 分别代表塔板上的气相和液相流股的摩尔流率，kmol/h；G 和 S 表示侧线采出的气相和液相流股的摩尔流率，kmol/h；Q 表示塔板与外界的传热量，kJ/h；M 表示塔板上摩尔累计流量，kmol；H 表示流股的摩尔焓值，kJ/kmol，可以根据 Aspen Properties 物性数据库计算求得，同样也是温度、压力及组成的函数；k 是相平衡常数，是 Aspen Properties 物性数据库内可以直接读取并利用的物性参数；ρ 表示密度，$kmol/m^3$；l_w 为堰长，m；A_a 表示塔板的有效截面积，m^2；上标 F、V 和 L 分别表示进料、气相和液相；下标 i 和 j 分别表示塔板号和组分号，$i = 1, 2, \cdots, n$；$j = 1, 2, \cdots, c$；n 表示理论塔板数，c 表示组分数。

3.1.5　循环物流问题解决策略

在单元操作模型的基础上，将各个单元按照流程图进行连接，进而得到整个系统的装置级操作模型。随着流程复杂性的不断增加，在系统内部会存在循环物流的问题。而在序贯模块方法的仿真建模中，针对循环物流的问题，往往需要设置撕裂流股来判断最终结果的收敛性。并且针对序贯模块法的建模，Wegstein 方法、Direct 方法、Broyden 和 Newton 方法是常用的判断收敛的方法[98]。而基于联立方程法建立的模型，在求解过程中往往也是采用计算机运算求解方法得到模型的数值解，同样会也涉及循环物流的问题，会涉及撕裂流股选取的问题。因此，本小节将给出在联立方程法建模过程中循环物流建模问题的解决策略。

对于循环物流问题的描述，假设存在如图 3.5 所示的包含返回流股的系统，其输入流股 S_1 需要依次经过三个操作单元 $U_1 \sim U_3$ 处理，操作单元 U_3

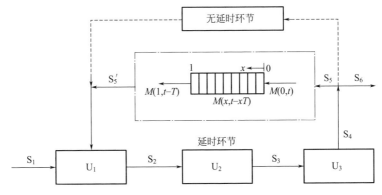

图 3.5　循环物流问题及解决策略

的部分产品流股 S_5 又作为进料部分重新返回到起始处理单元 U_1，称此类系统为循环系统。在化工生产过程中，为了提高产品的分离精度并且尽可能多地回收产品中的有效能，进而提高整个系统的能量利用效率，经常使部分产品重新作为进料进入生产装置中的某一个过程环节，采用类似于图 3.5 的生产工艺流程。针对不采取任何措施而直接使流股 S_5 返回到操作单元 U_1 的模型，在联立方程求解的过程中不一定能得到满足收敛误差准则的数值解，因此需要采取一定的手段将该过程断开，使得输入和输出在一定的时间上存在差异，进而使得模型存在可靠的数值解。

对于带循环物流的模型的求解问题，在数值计算求解过程中往往采用中间寄存器的方法，对于同一流股的计算结果，先将计算结果寄存在寄存器内，在数个计算周期后再输出结果。根据寄存器的工作原理，采用虚拟寄存器的形式将流股打开，考虑到寄存器与延时单元实现的功能相同，在建立系统方程时引入循环系统的连接纽带——延时环节，来模拟寄存器的功能，在当前时刻的输入到未来的某个时刻才输出。如图 3.5 所示，采用流股 S_5 先经过延时寄存器，再将当前计算结果输出的建模策略。

假设 $M(x,t)$ 是在 t 时刻，距离进入延时寄存器入口距离 x 处的状态变量，其随时间和位置的变化方程见式(3.21)。

$$\frac{dM(x,t)}{dt} = -\frac{1}{T} \times \frac{\partial M(x,t)}{\partial x} \tag{3.21}$$

式中，M 表示关于 x 和时间 t 的状态变量，通常选作慢时变的温度和组成；T 表示延时常数；x 表示虚拟的距离，实际并不存在，故 $x \in (0,1]$；$M(0,t)$ 和 $M(1,t-T)$ 表示两端的边界约束条件，分别等于流股 S_5 和流股 S_5' 所对应变量值。根据一阶向后有限差分的方法，能够对方程 (3.21) 进行求解。

从整个装置流程可以得出，冷箱及多股进料脱甲烷塔组成的裂解气分离系统共包含三个主要的循环系统。脱甲烷塔的塔顶气相出料流股依次流经冷箱换热器 E312、E314、E315 回收冷量，经多级压缩机 K-302 压缩，经冷箱 E315、E310 和 E312 换热，而后部分返回脱甲烷塔作为塔顶回流。另外两个循环物流系统主要是中间再沸器和塔底再沸器的循环回流，其构成了脱甲烷塔的热量的主要来源。在建模中需要将这三个循环回路打开,按照上述的延时寄存器的策略设计连接流股。在实际的化工装置中,压力差通常为流量的驱动力,压力和流量的变化通常是较迅速的,通常不进行撕裂,而流股温度和组成是流股的内在物性参数,通常是慢时变的,即使添加延时环节也不会影响最终的仿真结果。采用本书提出的延时策略,复杂循环物流的模型及求解问题能够得到有效解决。

3.2 平台仿真结果

通过单元建模以及连接部分的考虑,将上述的单元模型进行连接并通过调试便可得到整个系统的仿真平台模型。在此过程中,结合 Aspen Properties 物性数据库的调用机理和国内某乙烯厂的设计数据,对乙烯裂解过程脱甲烷塔装置平台进行模型仿真。其中乙烯裂解装置的乙烯产量为 $150kt/a$,实际的乙烯裂解过程脱甲烷塔中共包含 68 块实际塔板和 8 种组分,取板效率为 0.618,则脱甲烷塔总共包含 42 块理论板(下文讨论均指理论板,且在 3.2.3 小节方程中的塔板数和组分数目,分别是 $n=42$,$c=8$)。对应的组分分别为 CH_4、C_2H_4、H_2、C_2H_6、C_2H_2、C_3H_8、C_3H_6、CO。对塔板采用从上而下的编排方式,第一股到第四股进料的理论塔板号分别为 8、14、17、23。对建立的平台进行调试及仿真,将裂解过程脱甲烷塔装置中核心操作单元的稳态数据结果与实际生产装置的设计数据进行对比,如表 3.1~表 3.5 所示。根据平台仿真结果的数据对比显示,所建立的模型与实际的设计装置总体呈现较好的一致性,能够用于提高脱甲烷塔装置节能方法的研究。

表 3.1　各进料组分含量的对比表　　单位:%(摩尔分数)

组分	1# 进料		2# 进料		3# 进料		4# 进料	
	仿真值	设计值	仿真值	设计值	仿真值	设计值	仿真值	设计值
CH_4	87.74	81.63	52.51	49.02	29.63	28.48	29.64	28.48
C_2H_4	8.68	13.84	41.49	42.85	59.70	58.14	59.68	58.14
H_2	2.86	3.14	1.57	2.05	1.19	1.54	1.19	1.54

续表

组分	1# 进料		2# 进料		3# 进料		4# 进料	
	仿真值	设计值	仿真值	设计值	仿真值	设计值	仿真值	设计值
C_2H_6	0.37	0.87	3.64	5.30	8.16	10.79	8.16	10.79
C_2H_2	9.43×10^{-2}	0.21	0.69	0.64	1.16	0.89	1.16	0.89
C_3H_8	6.45×10^{-5}	0	5.81×10^{-3}	0	7.38×10^{-2}	0	7.38×10^{-2}	0
C_3H_6	6.63×10^{-5}	0	3.87×10^{3}	0.01	3.67×10^{-2}	0.08	3.66×10^{-2}	0.08
CO	0.25	0.31	8.83×10^{2}	0.14	4.89×10^{-2}	0.08	4.89×10^{-2}	0.08
合计	100	100	100	100	100	100	100	100

表 3.2　脱甲烷塔装置进出料温度和压力的设计与仿真数据

流股	温度/K		压力/MPa	
	设计值	仿真值	设计值	仿真值
F1	159.15	159.22	3.378	3.369
F2	167.15	176.29	3.394	3.395
F3	170.15	177.80	3.429	3.420
F4	198.15	196.45	1.050	1.041
V	138.15	138.40	0.615	0.614
V1	139.15	139.26	4.366	4.337
C2	220.15	214.88	0.730	0.733
B	219.15	212.75	0.725	0.725

表 3.3　冷箱换热器模拟与设计温度对比（一）　　　　　单位：K

位置	E315			E314			E312		
	流股	设计值	仿真值	流股	设计值	仿真值	流股	设计值	仿真值
入口	RJ1	306.15	306.15	C16	173.15	171.10	H3	175.15	175.99
	CH4	310.15	310.15	C15	172.35	170.87	H12	175.15	175.56
	V2	133.15	136.34	C14	173.15	171.15	V	138.15	138.70
	C19	198.15	198.32	DING	201.15	203.04	V3	128.15	131.13
	C18	198.15	198.08				C13	134.15	134.34
	C17	198.15	198.19				C11	134.15	133.47
							C10	137.15	137.11
出口	RJ2	205.15	205.98	C19	198.15	198.32	H4	137.15	137.11
	H11	203.15	204.23	C18	198.15	198.08	H13	138.15	139.26
	V2T	303.15	304.70	C17	198.15	198.19	V5	172.35	170.99
	C19T	303.15	281.28	H1	182.15	189.86	V4	172.35	171.31
	C18T	303.15	303.06				C15	172.35	170.87
	C17T	303.15	303.09				C14	173.15	171.15
							F1	159.15	158.74

表 3.4　冷箱换热器模拟与设计温度对比（二）　　　单位：K

位置	E311			E310		
	流股	设计值	仿真值	流股	设计值	仿真值
入口	C12	104.95	107.74	H11	203.15	204.20
	MM	109.65	113.5	H1	182.15	189.86
	H5	136.15	137.11	C20	172.15	172.15
出口	C13	134.15	134.34	H12	175.13	175.56
	C11	134.15	133.47	H2	175.13	176.00
	H6	112.15	113.00	C21	176.15	177.81

表 3.5　脱甲烷塔塔顶与塔底关键组分的设计值和仿真值

单位：%（摩尔分数）

流股	H_2		CH_4		C_2H_4	
	设计值	仿真值	设计值	仿真值	设计值	仿真值
塔顶产品	6.22	3.59	>92.73	96.10	—	0.001
塔底产品	—	0	—	2.22	—	0.849

考虑到脱甲烷塔操作单元在整个分离过程中的重要性，本小节对该装置中的脱甲烷塔的动态性能进行分析。在精馏塔所采用的常规 PID 控制方式中，塔顶的组成与回流量的串级控制，以及塔底的再沸流量的流量定值控制是常用的控制手段。建模之初考虑到精馏塔系统之间的相似性和方便性，因而对塔顶的控制采用关键产品组成与回流量的串级控制，塔底采用再沸流量的定值控制。

从控制器的控制作用来说，为了了解脱甲烷塔在塔顶气中关键组分的设定值变化情况下的动态性能以及控制器对关键指标的控制效果，本书通过控制脱甲烷塔塔顶的出料中关键产品乙烯的含量来分析塔顶乙烯随设定值的变化规律。如图 3.6（a）所示，将串级控制回路中主回路控制器内乙烯的含量设定值由 0.1%（摩尔分数）降为 0.05%（摩尔分数）。由于塔顶乙烯含量的控制主要由调整回流量来实现，可得到回流量随设定值变化的调节曲线，如图 3.6（c）所示。随着主控制器设定值的降低，为降低产品气中乙烯组分的含量，需要通过增加系统中冷量的消耗来降低塔顶的温度，进而需要增加塔顶的回流量。在此调整过程中，塔顶温度随着回流量的增加而降低，塔顶甲烷气的含量也得到有效提升，如图 3.6（b）所示。

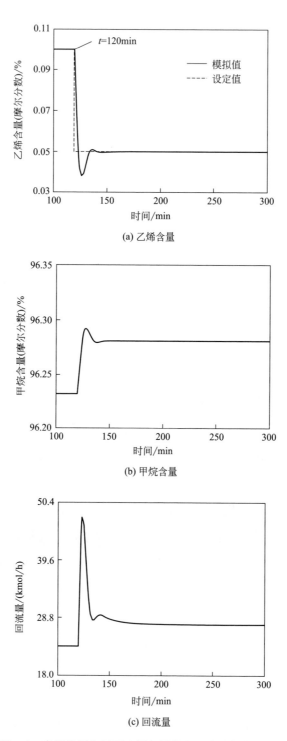

图 3.6　串级控制作用下乙烯与甲烷和回流量的变化趋势

　　从系统仿真调整时间的角度来说，塔顶乙烯含量的调整过程较为迅速。改变设定值后，约1h后塔顶的回流量在控制器的调节作用下达到稳定状态，塔顶出料的含量达到了设定值。验证了通过塔顶的回流量来调节塔顶出料中关键组分的控制策略是有效的，并且塔顶组分的控制过程是一个相对较快的过程，因此对于塔顶产品中乙烯含量与回流量的串级控制是一种有效的控制策略。

第 4 章

基于传热/传质的多股进料脱甲烷塔进料瓶颈识别方法

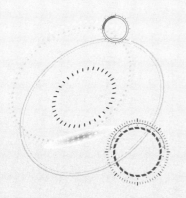

精馏塔进料的组成与温度会影响到塔内的质量交换和能量利用，不恰当的进料条件会导致全塔的分离效率及能量的利用效率变差，是制约精馏塔用能及分离效果的瓶颈。对于运行过一段时间的精馏塔而言，随着塔内部装置的老化及结垢以及进料条件的改变，内部的传热/传质发生着显著的变化，原始的进料位置已经成为制约精馏塔的能量利用和产品分离的瓶颈，因此，本章将讨论精馏塔进料瓶颈的识别方法，并以多股进料脱甲烷塔为例来验证方法的有效性。

4.1　塔板的传热/传质状态分析

精馏塔的塔板上同时进行着质量交换和能量交换，且在正常情况下，塔内部上升的气相流股中的重组分会传递给下降的液相流股，同时热量也会从上升的气相流股传递给下降的低温液相流股，使得塔顶部聚集浓度较高的轻组分，塔底部聚集浓度较高的重组分，进而实现轻重组分的分离，如图 4.1 (a) 所示。由于进料状态或者进料位置的不恰当，精馏塔内部塔板上的传热/传质过程不能正常进行，此时出现轻组分从上升的气相流股中传递到达下降的液相流股中，或者下降中的液相流股中的热量反向传递给上升的气相流股，即出现传质量或传热量为零或者为负值的情况，如图 4.1(b) 所示，这种现象即为精馏塔内的传热/传质的返混现象[99～101]。

若不存在进料位置，自上而下，精馏塔的塔温和浓度分布曲线能够保持

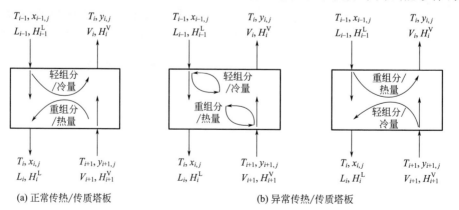

(a) 正常传热/传质塔板　　　　　　　　(b) 异常传热/传质塔板

图 4.1　正常与异常传热/传质塔板示意图

较好的一致性。但由于进料的过冷/过热，进料板附近塔板的传热/传质过程会产生差异，进而导致整个精馏塔内部的传热/传质过程的改变，影响能量的有效利用和塔板的分离效率。因此，需要根据进料状态对进料瓶颈进行识别，找到制约分离和用能的进料瓶颈。为了直观呈现出进料瓶颈对传热/传质的影响作用，本章将讨论基于传热/传质的精馏塔的进料瓶颈识别的图示化方法。

4.2　多股进料精馏塔进料瓶颈的识别

假设单一进料或者多股进料的精馏塔具有 n 块理论板（或实际塔板），且每一层塔板同时包含能量和质量交换。为了形象且具体地分析塔板上的传热/传质过程，本书假设存在一个虚拟的闪蒸罐能将进料分为气液两部分，再分别与上下层塔板的流股进行能量和质量的交换，如图 4.2(a) 所示。为得到进料进入塔板后的气液相组成及流量，假设虚拟闪蒸罐是绝热闪蒸的，可以根据闪蒸罐的稳态模型方程［式(4.1)］求解出闪蒸后系统的气液相中各组分的摩尔分数（$z_{i,j}^{V}$，$z_{i,j}^{L}$）、气液相的摩尔流数（F_i^{V}，F_i^{L}）以及气液相的焓值（$H_{F,i}^{V}$，$H_{F,i}^{L}$）。

$$
\begin{aligned}
&F_i = F_i^{V} + F_i^{L} \\
&F_i z_{i,j} = F_i^{V} z_{i,j}^{V} + F_i^{L} z_{i,j}^{L} \\
&F_i H_{F,i} = F_i^{V} H_{F,i}^{V} + F_i^{L} H_{F,i}^{L} \\
&\sum_{j=1}^{c} z_{i,j}^{V} = 1 \\
&z_{i,j}^{V} = k_{i,j}^{0} z_{i,j}^{L}
\end{aligned}
\tag{4.1}
$$

式中，$H(\cdot)$ 和 $k_{i,j}^{0}$ 是关于闪蒸罐温度 T_T、压力 p_T 及气液相组分（$z_{i,j}^{V}$，$z_{i,j}^{L}$）的隐函数，可以通过物性数据库 Aspen Properties 直接求取，且式中的上下标的范围及意义与第二章相同。若进料中包含 c 种组分，则对于绝热闪蒸的总变量数目为 $3c+7$ 个，而式(4.1) 所包含的总方程数目仅为 $2c+3$ 个。由于进料状态已知，与进料相关的 $c+3$ 个变量可视为已知变量，

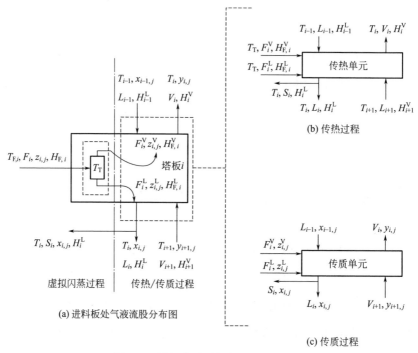

图 4.2   塔板传热/传质的气液相分布

则未知变量的数目变为 $2c+4$ 个。根据未知变量数目与给定的方程数目之间的关系，式(4.1) 的总自由度为 1，没有确定的唯一解。要得到式(4.1) 的唯一解，需要额外再给定一个变量值，可以采用以下三种假设对未知变量进行赋值，进而得到进料闪蒸后的气液相组分、摩尔流率以及焓值等。

第一种假设：进料虚拟闪蒸后的气相组分中的第 j 种关键组分的摩尔分数与从塔板下层气相产品中该关键组分的摩尔分数相同，即 $z_{i,j}^{V}=y_{i+1,j}$。或者液相组分中的第 j 种关键组分的摩尔分数与从上层塔板流下的液相产品中该关键组分的摩尔分数相同，即 $z_{i,j}^{L}=x_{i-1,j}$。

第二种假设：进料虚拟闪蒸时闪蒸温度与所处塔板的温度相同，即 $T_{T}=T_{i}$。

第三种假设：进料虚拟闪蒸时闪蒸压力与所处塔板的压力相同，即 $p_{T}=p_{i}$。

根据得到的虚拟闪蒸后的进料中气液相组分及流量信息，分别从独立传热/传质的角度对整个塔的混合传热/传质过程进行拆分。每一层塔板都可看作是一个独立的换热器，整个脱甲烷塔可看作是一系列独立的换热器的串联，视下一级塔板流出的气相流股为热流股，上一级塔板流出的液相流股为冷流股，则冷热流股在中间塔板上进行热量传递，如图 4.2(b) 所示。同样，每一层塔板均可看作是一个独立的质量交换单元，整个脱甲烷塔就是一系列质量交换单元的串联。视从下一级塔板流出的气相流股为贫流股，从上一级塔板流下来的液相流股为富流股，两者在中间塔板上进行质量交换，如图 4.2(c) 所示。

4.2.1 塔板的传热温差与传热量

参考常规换热器的温焓图[22] 的作图方法，将气相流股作为热流股，两端温度分别为 T_{i+1} 和 T_i，在横坐标轴上的投影为 ΔQ_i。同理将液相流股作为冷流股，两端温度分别为 T_{i-1} 和 T_i，在横轴上的投影也为 ΔQ_i。第 i 块塔板的传热温差与传热量之间的关系，如图 4.3 所示。

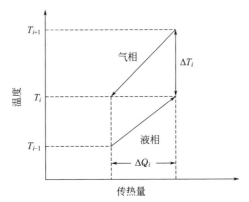

图 4.3 第 i 层塔板的传热温差与传热量的关系图

（1）塔板传热温差 传统意义下，换热器的传热温差定义为换热器两端冷热流股的温度差[22]。考虑到精馏塔的传热过程的特殊性，对于平衡级模型，气液两相流股在塔板上接触换热后以相同的温度离开塔板，如图 4.3 所示。精馏塔的各层塔板相互串联，上一级塔板的输出是下一级塔板的输入，则塔板的传热温差可定义为第 i 层塔板的传热温差 ΔT_i 是第 $i+1$ 层塔板与第 i 层塔板温度之间的差值，或者第 i 层塔板与第 $i-1$ 层塔板温度之间的差值。由于各层塔板之间相互串联，所以两者在数值上前后差一块塔板，并不影响对整个传热过程的分析，因此将前者作为传热温差的计算式，如式（4.2）所示。

$$\Delta T_i = T_{i+1} - T_i \tag{4.2}$$

在稳态条件下，进/出第 i 级塔板的能量由能量守恒可得式（4.3）。

$$L_i H_i^L + F_i^L H_{F,i}^L + V_{i+1} H_i^V + F_i^V H_{F,i}^V = V_i H_i^V + (S_i + L_i) H_i^L \tag{4.3}$$

将式（4.3）中的气相部分移到等式的左边，液相部分移到等式的右边，得式（4.4）。

$$V_{i+1} H_i^V + F_i^V H_{F,i}^V - V_i H_i^V = (S_i + L_i) H_i^L - (L_i H_i^L + F_i^L H_{F,i}^L) \tag{4.4}$$

（2）塔板的传热量　流入第 i 层塔板的气相流股的热量流率与流出第 i 层塔板的气相流股的热量流率的差值，或者流出第 i 层塔板的液相热量流率与进入第 i 层塔板的液相热量流率的差值，可称为塔板上的传热量，记作 ΔQ_i，其大小等于图 4.3 中气液相传热曲线在横轴上的投影，数值计算见式（4.5）。

$$\Delta Q_i = V_{i+1} H_i^V + F_i^V H_{F,i}^V - V_i H_i^V = (S_i + L_i) H_i^L - (L_i H_i^L + F_i^L H_{F,i}^L)$$

$$\tag{4.5}$$

若第 i 层塔板无进料，则式（4.5）可简化为式（4.6）。

$$\Delta Q_i = V_{i+1} H_i^V - V_i H_i^V = (S_i + L_i) H_i^L - L_i H_i^L \tag{4.6}$$

根据图 4.3 单级塔板的传热温差和传热量的关系，类比可得到整塔的温度和传热量的分布图。由于塔顶温度比塔底温度低，将塔板从上往下编号。从第 1 层塔板开始，将塔顶回流温度作为冷流股的始端温度，记作 T_0，再沸器回流温度定义为 T_{n+1}。第 1 层塔板的温度为冷热流股的末端温度，记作 T_1，第 1 层塔板的传热量 ΔQ_1 等于冷流曲线在横坐标轴上的投影。对于气相流股，第 1 层塔板的温度为总热流股的末端温度 T_1，第 2 层塔板的温度为该层热流股的始端温度，记作 T_2，热流曲线在横坐标轴上的投影为第一层塔板的传热量 ΔQ_1，可得温度为 $T_0 \sim T_2$ 段的传热曲线。同理气相为热流股，液相为冷流股，投影为传热量，可以得到全塔的传热温差和传热量的关系曲线，如图 4.4 所示。

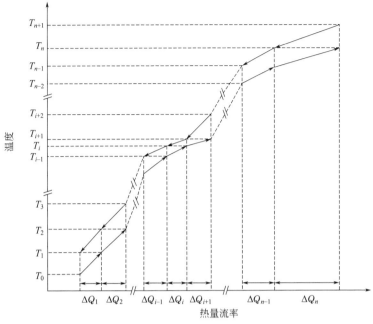

图 4.4 传热温差与传热量的组合曲线

4.2.2 塔板的传质浓度差与传质量

同理，塔板上各个流量及组成关系如图 4.2(c) 所示，由于上升气相中轻组分的摩尔分数较低，从而将第 $i+1$ 层塔板向上的气相流股 V_{i+1} 视为贫流股，假设第 j 种组分的摩尔分数为 $y_{i+1,j}$，从上一级塔板向下流入第 i 层塔板的液相流股 L_{i-1} 是富流股，第 j 种组分的摩尔分数为 $x_{i-1,j}$，贫富流股在塔板上进行质量交换，最终在气液相中 j 组分的摩尔分数分别为 $y_{i,j}$ 和 $x_{i,j}$。在建立精馏塔的模型时，一般基于平衡级假设，气液相流股在离开塔板时是相平衡状态，即式(3.17) 的相平衡关系式。为表示同一相态，可通过式(3.17) 将气液两相浓度化成同一相态（气相或者液相，本工作选择气相浓度）进行塔板的传质浓度差及传质量的研究。

以气相流股 V_{i+1} 为贫流股，第 j 种组分的始末摩尔分数分别为 $y_{i+1,j}$ 和 $y_{i,j}$，第 j 种组分增加的物质的量在横坐标轴上的投影为 $\Delta M_{i,j}$；液相流股 L_{i-1} 为富流股，第 j 种组分的始末摩尔分数分别为 $x_{i-1,j}$ 和 $x_{i,j}$，由相平衡关系式 ［式(3.17) ］可分别转化为对应的气相摩尔分数 $y_{i-1,j}$ 和 $y_{i,j}$，富流

股中第 j 种组分减少的物质的量在横坐标轴上的投影为 $\Delta M_{i,j}$。根据质量交换单元的贫富物流之间的质量交换图[102]，以第 j 种组分的摩尔分数为纵坐标，以传质量为横坐标，拓展普通的传质关系曲线得第 i 层塔板上的第 j 种组分的贫富流股的质量交换示意图，如图 4.5 所示。在图 4.5(a) 中，曲线 1 代表液相流股中关键组分 j 的浓度比经过相平衡计算所对应的气相流股组分的浓度高；在图 4.5(b) 中，曲线 2 代表液相组分中关键组分 j 的浓度比经过相平衡转换后所对应的气相流股组分的浓度低。图 4.5 给出了相平衡计算前后塔板上气液相关键组分可能出现的两种位置关系。

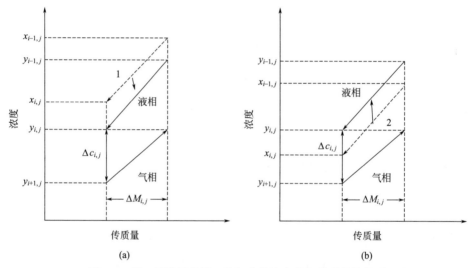

图 4.5 第 i 层塔板的第 j 种组分的浓度差与传质量的关系

在图 4.5 中，以液相组分为纵坐标的曲线经过相平衡关系转换为以气相组分为纵坐标的液相流股，该流股在质量交换中为富流股，气相流股为贫流股。在质量交换中，第 j 种组分的摩尔分数在液相流股中下降，在气相流股中上升，最终两者达到相平衡状态，即图 4.5 中的同一气相浓度值。

（1）塔板的传质浓度差 类比传热温差，第 j 种组分在第 i 层塔板上的传质浓度差 $\Delta c_{i,j}$ 为气相流股 V_i 与气相流股 V_{i+1} 中的第 j 种组分的摩尔分数之间的差值，如图 4.5 所示，其大小可通过式(4.7) 求取。

$$\Delta c_{i,j} = y_{i,j} - y_{i+1,j} \tag{4.7}$$

（2）塔板的传质量 根据质量守恒，在稳态条件下，将第 j 种组分在第

i 层塔板上的传质量定义为 $\Delta M_{i,j}$。在气相流股中，$\Delta M_{i,j}$ 表示离开第 i 层塔板的第 j 种组分的摩尔流率与进入的第 i 层塔板的第 j 种组分的摩尔流率之间的差值；在液相流股中，则表示流入第 i 层塔板的第 j 种组分的摩尔流率与流出第 i 层塔板的第 j 种组分的摩尔流率之间的差值，见式(4.8)。

$$\Delta M_{i,j} = L_{i-1}x_{i-1,j} + F_i^{\mathrm{L}}z_{i,j}^{\mathrm{L}} - (S_i + L_i)x_{i,j} = V_i y_{i,j} - V_{i+1}y_{i+1,j} - F_i^{\mathrm{V}}z_{i,j}^{\mathrm{V}}$$

$$(4.8)$$

若该层塔板无进料，则第 j 种组分在第 i 层塔板上的传质量的计算式 [式(4.8)] 可简化为式(4.9)。

$$\Delta M_{i,j} = L_{i-1}x_{i-1,j} - (S_i + L_i)x_{i,j} = V_i y_{i,j} - V_{i+1}y_{i+1,j} \qquad (4.9)$$

依据式(4.8)或式(4.9)，可以计算出第 j 种组分在各层塔板上的传质量。依照图 4.5，以第 n 层塔板为起点作出第 j 种组分的气液相流股的传质复合曲线，其中以第 j 种组分的摩尔分数为纵轴，以传质量为横轴。对于富流股，在相平衡时以进入第 n 块塔板的液相流股 L_{n-1} 的第 j 种组分 $x_{n-1,j}$ 所对应的气相摩尔分数 $y_{n-1,j}$ 为纵坐标，第 n 层塔板上摩尔流量的变化量 $\Delta M_{n,j}$ 为横坐标；在相平衡时以第 n 块塔板液相的第 j 种组分摩尔分数 $x_{n,j}$ 所对应的气相摩尔分数 $y_{n,j}$ 为纵坐标，0 为横坐标，连接两点得到传质复合曲线中的富流股曲线。以流入第 n 层塔板的气相摩尔分数 $y_{n+1,j}$ 为纵坐标，0 为横坐标；以流出第 n 层塔板的气相流股的摩尔分数 $y_{n,j}$ 为纵坐标，摩尔流率的变化量 $\Delta M_{n,j}$ 为横坐标，连接两点得到传质复合曲线中的贫流股曲线。将第 n 层塔板贫富流股传质曲线的右端点处作为第 $n-1$ 层塔板传质的起始位置，用相似的方法可以得到第 $n-1$ 块塔板的摩尔组分与传质量关系图。依此类推，直到第 1 层塔板，便可得到整个精馏塔的摩尔分数和传质量的复合曲线，如图 4.6 所示。

在全塔传质的组合曲线中，虚线圈所包含的区域是异常点所存在的位置。一般情况下，合适的进料位置能使进料在塔板上分离后往下流的液相中的关键组分传给往上升的气相流股，如图 4.6 中圆圈外的部分，即正常传质。但不合适的进料则会使得进料板处及以下部分塔板上升的气相流股冷凝，关键组分从气相流股反传给往下流的液相流股，即异常传质。若能够准确识别出这些异常传质的塔板位置，将有利于实现对进料瓶颈的识别。

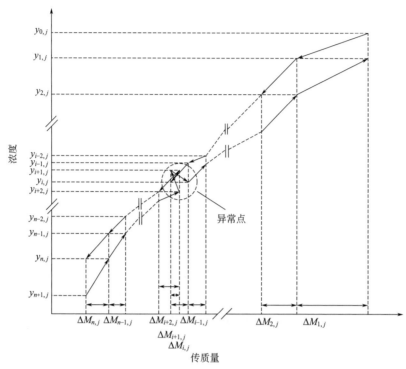

图 4.6 第 j 种组分的传质物质的量浓度差与传质量的组合曲线

4.2.3 基于传热/传质综合的进料瓶颈识别方法

依据 4.2.1 小节和 4.2.2 小节求取传热温差、传质浓度差，构造传热/传质的传热温差-传质浓度差的关系，如图 4.7(a) 所示。精馏过程内部的传热/传质不是孤立存在的，并且传热温差和传质浓度差分布于 4 个象限。第一象限内传热温差 $\Delta T > 0$ 和传质浓度差 $\Delta c > 0$，表示传质和传热均正向进行，无异常传热/传质。第二至第四象限，则传热温度差和传质浓度差至少存在 $\Delta T < 0$ 或 $\Delta c < 0$，传热/传质的塔板是异常的，借助推动力的正负，可以识别出精馏塔内传热/传质的瓶颈。

精馏塔的自上而下不断上升的温升梯度能保证各层塔板组分的分布，是决定产品组分的重要变量。进料的过冷/过热会引起进料板处气液相的流股发生显著变化，进料的过冷会引起塔板处上升的气相流股液化、放热，使得进料板处的温度升高；而进料的过热会引起塔板处下降的液相流股气

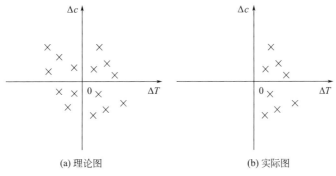

(a) 理论图　　　　　　　　　　　(b) 实际图

图 4.7　塔板传热温差与传质浓度差的关系图

化、吸热，使得进料板处的温度降低，进而进料不会使得塔板的温度梯度发生改变，因而传热温差不会出现翻转变为负值。对于传质过程来说，却可能出现传质浓度差为负值的情况，则传热温差与传质浓度差的关系图可以转换成图 4.7(b)。

当塔板的传热温差与传质浓度差的关系仅存在于第一、第四象限，此时传热/传质位于第一象限时，传热/传质均是正常的，不存在传热/传质异常的点，不用识别异常进料。第四象限的传质浓度差为负值，是异常的传质情况，进而可以通过得到的传质摩尔分数与传质量之间的复合曲线来进一步识别进料瓶颈的位置。

将基于传质复合曲线的进料瓶颈识别方法概括如下。

首先，分析全塔的摩尔分数与传质量的复合曲线（图 4.6），寻找传质浓度差小于零的异常塔板。这些传质异常的塔板是制约质量交换的传质瓶颈。

多股进料的精馏塔的传质浓度差为负的塔板可能不是唯一的。异常塔板的曲线，如图 4.6 所示，反向传质的点出现在第 $i+1$ 块塔板，该点的传质浓度差为负值，是制约精馏塔分离效果的传质瓶颈。

其次，从进料位置不合理的角度来确定进料瓶颈。对于单一进料的精馏塔，进料瓶颈的位置即进料板；对于多股进料的精馏塔，进料瓶颈为塔板传质瓶颈附近且最近的进料板，进料瓶颈的位置可能不是唯一的。

最后，根据进料板下方是否存在传质量为负值的塔板对进料瓶颈进行筛选。若精馏塔仅在进料板处传质量为负值，而其他塔板处传质量为正值，则表明该塔板在临界进料瓶颈位置，这样的进料完成了塔板的方向传质过程的逆转，由负向转为正向，称为伪进料瓶颈。伪进料瓶颈没有影响周围塔板的传质过程，因此可筛除此类进料瓶颈。

4.3　乙烯裂解过程多股进料脱甲烷塔进料瓶颈的识别

要得到全塔的传热温差与传质温差，首先要确定各股进料在虚拟闪蒸后气液相的闪蒸结果，需要得到式(4.1)的解。因此需要采用上文所提到的三种假设进行方程的求解，而后再采用传热/传质的曲线进行进料瓶颈的识别。

4.3.1　三种假设下脱甲烷塔进料虚拟闪蒸结果的分析

(1) 第一种假设　要判断在第一种假设下方程是否有解，可以通过指定不同的闪蒸温度来得到虚拟闪蒸后气液相关键组分的摩尔分数，再与上下塔板的同种组分的浓度对比，能否取得相应的参考浓度值来判断。通过调整虚拟闪蒸罐的温度 T_T，可以得到不同温度下各股进料的气相出料中 CH_4 的摩尔分数和闪蒸出料液相中 C_2H_4 的摩尔分数，如图 4.8 所示。在图 4.8(a) 中，实线表示通过调整闪蒸温度得到的气相 CH_4 摩尔分数的变化，虚线为所在进料板的下层塔板上升的气相中 CH_4 摩尔分数的参考值，而图 4.8(b) 中的实线表示通过调整闪蒸温度得到的液相 C_2H_4 摩尔分数的变化，同样虚线为进料板的上层塔板流下的液相流股中 C_2H_4 摩尔分数的参考值。

从图 4.8 可以看出，对于四股进料，调整闪蒸温度很难使得进料闪蒸后液相或者气相中关键组分的摩尔分数达到进料板上层或者下层的塔板的液相或者气相流股中关键组分的摩尔分数。从表 4.1 和表 4.2 中可以看出，调整闪蒸温度无法达到目标浓度值，且在气相中最高甲烷浓度和液相中最低乙烯浓度均无法达到目标浓度值。因此，采用第一种假设方法无法实现对式(4.1)的求解，进而无法得到进料处的传热/传质曲线。

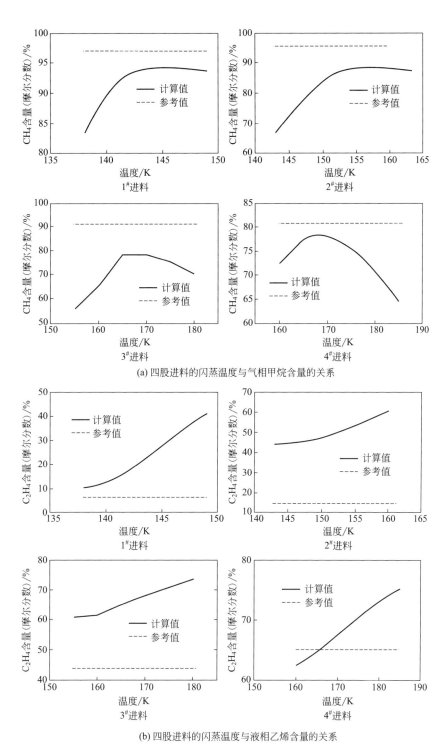

(a) 四股进料的闪蒸温度与气相甲烷含量的关系

(b) 四股进料的闪蒸温度与液相乙烯含量的关系

图 4.8 不同闪蒸温度时出料气液相中 CH_4 和 C_2H_4 的含量

表 4.1 各进料处气相闪蒸出料中 CH_4 含量与目标值的对比

进料	目标值(摩尔分数)/%	最高甲烷含量(摩尔分数)/%	对应的温度值/K
1#	97.00	94.25	145
2#	95.70	88.64	157
3#	90.80	78.15	170
4#	80.80	78.39	168

表 4.2 各进料处液相闪蒸出料中 C_2H_4 含量与目标值的对比

进料	目标值(摩尔分数)/%	最低乙烯含量(摩尔分数)/%	对应的温度值/K
1#	6.70	10.61	138
2#	14.60	66.60	148
3#	43.90	60.81	155
4#	65.00	62.45	160

（2）第二种假设　假设塔板的温度即为虚拟闪蒸的温度，即此时 $T_T = T_i$，通过仿真求解可以得到进料闪蒸后气液相各组分的摩尔分数（$z_{i,j}^V$，$z_{i,j}^L$）和闪蒸压力 p_T，其求解结果如表 4.3 所示。从结果可以看出采用这种假设能够得到各组分的摩尔分数，然后对比求解得到的闪蒸压力与外界塔板的压力，仅第一股进料处压力是正常的，闪蒸压力要比外部压力高。而对后三股进料，虚拟闪蒸的操作压力均低于外部塔板的压力。对于压力驱动的流程而言，虚拟闪蒸罐与外部系统之间不可能存在着流动的流股。因此，根据第二种假设方案来实现对式(4.1) 的求解也是不可行的，进而也就不可能得到最终的多股进料脱甲烷塔全塔的传热/传质曲线。

表 4.3 四股进料以塔板温度为基准的关键组分的闪蒸结果对比

进料	CH_4(摩尔分数)		C_2H_4(摩尔分数)		压力	
	z_i^V/%	z_i^L/%	z_i^V/%	z_i^L/%	p_T/kPa	p_i/kPa
1#	84.85	88.33	0.45	10.85	723.71	632.52
2#	90.11	37.35	3.81	56.59	436.15	648.80
3#	79.88	16.49	13.37	71.86	396.29	657.88
4#	57.94	6.55	36.10	78.93	320.22	675.87

（3）第三种假设　假设塔板的压力即为虚拟闪蒸的压力，即 $p_T = p_i$。通过仿真求解可以得到进料闪蒸后气液相各组分的摩尔分数（$z_{i,j}^V$，$z_{i,j}^L$）和闪蒸温度 T_T，其求解结果如表 4.4 所示。从结果可以看出采用这种假设能够得到各组分的摩尔分数，并且闪蒸后的温度要比塔板上的温度高，这也说

明了进料具有较高的能量，方便塔板进行能量传递，以及轻重组分的分离。

表 4.4 四股进料以塔板压力为基准的关键组分的闪蒸结果对比

进料	CH_4(摩尔分数)		C_2H_4(摩尔分数)		温度	
	z_i^V/%	z_i^L/%	z_i^V/%	z_i^L/%	T_T/K	T_i/K
1#	85.88	88.12	0.42	11.08	138.76	141.03
2#	88.27	41.38	4.34	52.93	154.54	147.48
3#	78.22	21.19	12.99	67.88	169.79	161.95
4#	60.11	10.49	33.60	76.09	187.86	174.67

综上所述，通过对上述三种假设条件下虚拟闪蒸计算的对比，仅采用第三种以进料板处的压力为闪蒸压力的假设能够得到较准确的进料闪蒸组分，而其他两种假设是行不通的。因此，在进行传质量与传热量的计算时应采用第三种假设——进料在绝热闪蒸下，闪蒸压力为进料所在处塔板的压力。

4.3.2 多股进料脱甲烷塔进料瓶颈的识别

依据 4.2.3 小节的方法和全塔的传热温差与甲烷的传质浓度差，可构造图 4.9 全塔浓度差和传热温差的关系图。按进料板的位置全塔可分为 6 段，而且每一段传热温差和传质浓度差之间近似呈线性关系，如图 4.9 中的曲线 1~6 所示。

从图 4.9 可以看出，曲线 2、3、5、6 的左端部分进入虚线（浓度差零轴）以下。脱甲烷塔塔板温度自上而下递增，且全塔塔板的传热温差均为正值。图中曲线的左端为进料位置的下端附近，是系统传热温差和传质浓度差相对较小的位置。根据 4.2.3 小节中的瓶颈识别应选择基于传质复合曲线的识别方法来识别裂解过程中脱甲烷塔进料瓶颈的位置。

根据流程模拟的结果及 4.2.2 小节中图 4.6 的作图方法，选择甲烷为关键组分，得到全塔甲烷摩尔分数与传质量的复合曲线。塔板的传质浓度差与传质量的关系曲线如图 4.10(a) 所示，图 4.10(b)~(d) 分别是对图 4.10(a) 中的 D、C、A 点的放大。从塔底到塔顶，塔板的传质量逐渐减小，在塔顶处传质浓度差和传质量均达到最小，且两条曲线在 A~D 点最为接近。同样可以分析出，图 4.10(a) 中 A~D 点分别是全塔传质浓度差

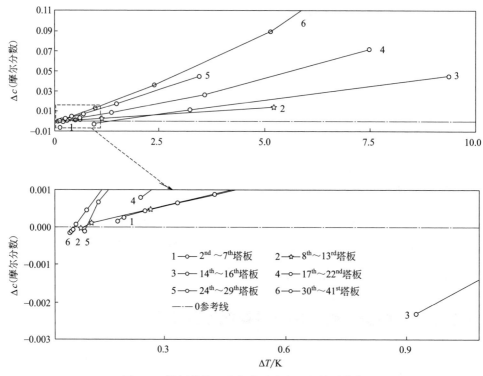

图 4.9 塔板传热温差与传质浓度差的关系曲线

最小的点，并且传质浓度差为负值。根据 4.2.3 小节的方法，传质异常的塔板正是这些传质浓度差为负值的塔板，它们制约全塔正向传质的进行，是整个质量交换的瓶颈，并可以得出该脱甲烷塔的进料瓶颈是第 8、第 14、第 17 和第 23 块塔板。明显可以看出 C、D 两点处曲线的斜率小于零，即对应塔板的传质量为负值。为更详细地描述进料附近的传质状态，对图 4.10(a) 中 D 点局部放大，图中的传质曲线有明显的折返现象，如 4.2.2 小节所述。由于第 14 块塔板附近的塔板的传质量为正值，第 14 块进料塔板可视为伪进料瓶颈，在后续的去瓶颈时，不再将其视为进料瓶颈。综上，进料瓶颈包含进料塔板 8、17 和 23。

基于传热/传质分析方法能够有效识别出制约乙烯裂解过程脱甲烷塔装置的进料瓶颈。若对其进行去瓶颈操作，使得反向传质的塔板数目尽可能减少，既能提高塔板的有效性和分离的可靠性，又能降低全塔的能量消耗。

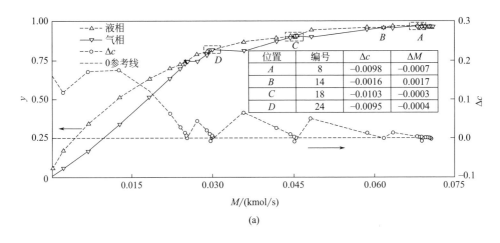

位置	编号	Δc	ΔM
A	8	−0.0098	−0.0007
B	14	−0.0016	0.0017
C	18	−0.0103	−0.0003
D	24	−0.0095	−0.0004

(a)

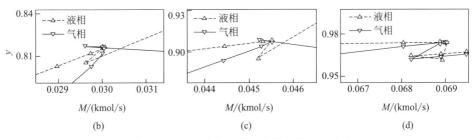

(b)　　　　　　　　　　(c)　　　　　　　　　　(d)

图 4.10　甲烷摩尔分数和传质量的复合曲线

第 **5** 章

多股进料脱甲烷塔流程重构的设计及过程动态分析

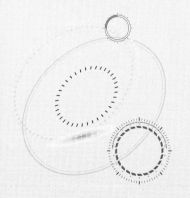

随着设备的长期运行，由于原料、公用工程条件或者产品数量、质量要求的变化，或原始设计缺陷，可能使得已建成的生产装置中的某些子系统或者设备处于瓶颈（薄弱环节）状态，会制约系统能量的利用进而构成系统节能降耗的瓶颈[98]。在获知设备的用能瓶颈后，对于单个操作单元来说，往往通过更换内部器件的设备改造方式来消除瓶颈，以实现能量利用的最大化，如图1.1中路径1设备改造所示，但其操作会带来较长的停工作业期和巨额的设备改造费用。对于内部操作单元较多的大系统而言，流程较为复杂，实现设备改造的周期会更长。相比之下，对设备的流程重构能够有效地解决设备更换改造所带来的问题，即使不对其进行设备改造，也能够实现降低系统能耗的目标，因此本章将讨论流程重构方法的工程应用技术。

流程重构所涉及的对象可以是单个的塔设备，也可以是复杂的网络系统，如换热网络。它并不仅限于某种特定的单元或者装置的节能及增产，而是一种可以广泛应用于符合操作要求的系统中的技术手段。例如，对于换热器网络中不同品级的热量，随着设备的运行，原始的匹配关系很难满足生产的需要或者存在能量的浪费，对其进行流程的重构能够降低系统能量的浪费[103]。

根据第四章中的瓶颈识别方法，对于精馏塔的进料瓶颈进行分析，能够得到影响脱甲烷塔传热/传质的进料瓶颈位置，根据流程重构技术的普遍适用性，本章将主要讨论针对精馏塔进料瓶颈的去瓶颈策略。针对原始的进料瓶颈，调整进料状态能够使得进料条件尽可能适应当前的进料位置，进而消除进料位置不当引起的进料瓶颈。进料条件往往受到上游装置的限制，且不容易改变，因此需要寻求其他的策略来消除存在的进料瓶颈。对于单进料的精馏塔而言，调整进料的位置能有效降低冷热公用工程的用量，从而实现节能的目标[104~106]。而对于包含多个进料的复杂精馏塔，进料位置的不合理会导致异常的传质浓度差出现，进而使得进料板及以下部分塔板的传质量为负值。为将设备改造成本降到最低，本章考虑通过调整进料位置的流程重构方法来减小传质量为负的塔板的数目，以达到去除装置进料瓶颈的目的。

5.1 多股进料脱甲烷塔的进料位置流程重构的可行性分析

工艺设计人员在精馏塔的设计之初，往往会考虑到进料负荷对产品指标及控制规律的影响，在精馏塔进料板的上下塔板附近处预留额外的进料口。针对不同的进料负荷，操作人员可以选择不同的进料位置来实现塔的产品指标控制及能量的有效利用。即在常规进料位置附近设计多个进料位置，如图 5.1 所示，可能在同一股进料位置处存在三个可用的进料位置，根据不同的进料条件可以从位置 1~3 中选择任何一个进入精馏塔，以降低控制的难度并适应不同的产品指标。但现场的操作人员并未在进料条件或者负荷发生变化时有效地调整进料位置，忽视了这种进料位置调整的意义。从设计的角度说，这种同一进料流股的多个进料位置的设计对于实现进料位置切换的流程重构的实施是可行的，且方便现场操作。

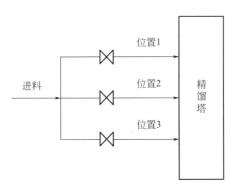

图 5.1　进料位置调整的原理图

同时，针对不同的负荷往往存在着最佳的进料位置，以获得较高的系统能量利用效率。对于单一进料的精馏塔来说，进料负荷变化时，可以根据全塔的组合曲线来获得最佳的进料位置，证明了调整进料位置的流程重构策略对于节能是可行的。精馏塔的能耗与处理量的关系如图 5.2 所示，存在以下两种能耗与处理量的关系。

① 在处理量 F_A 的条件下，精馏塔的能耗为 E_A。随着系统的处理量增

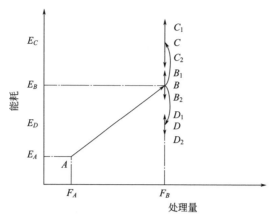

图 5.2　精馏塔的能耗与处理量的关系

加，处理量增加至 F_B 时，在原始的进料位置条件下，能耗则升至 B 点，为 E_B。若在 B 点的附近，对精馏塔的进料位置进行调整，在处理量不变的情况下，系统的能耗可能增大，如 B 点至 B_1 点；或者可能减小，如 B 点至 B_2 点。由于最佳进料位置的存在，针对不同调整进料位置的流程重构策略，上述两种情况均可能存在。

② 在处理量为 F_B 的条件下，假设此时为最佳进料条件，精馏塔的能耗为 E_B，随着产品指标的变化，系统的总能耗也会随之变化。从 B 点变化到 C 点，系统的能耗增加到 E_C，从 B 点降低到 D 点，系统的能耗降低到 E_D。由于塔顶和塔底的分离条件的变化，进料位置也存在是否恰当的情况。以提高关键产品的质量要求为例，由 B 点到达 C 点，当前的进料位置不一定是最佳的进料位置，需要对当前的进料位置进行流程重构，尽可能降低系统的能耗。若朝着最佳进料位置的方向调整，系统的能耗会较之前有所下降，即从 C 点到 C_2 点，否则会增加系统的能耗，从 C 到 C_1 点。

针对上述两种情况，进料位置的流程重构策略都可能带来系统能耗的降低，是去除系统进料瓶颈的有效操作。因而，无论从设计结构上还是降低能耗的具体节能操作上，进料位置调整的流程重构都是可行的。

5.2　多股进料脱甲烷塔流程重构策略

为了说明进料位置切换的流程重构策略的可行性及在节能去除装置瓶颈

方面的优势，本章仍以多股进料的脱甲烷塔为研究对象进行深入研究。由 5.1 节的分析可知，脱甲烷塔的塔板上的传热温差正常，而塔板上的传质浓度差异常，因而本节将主要从改善传质过程的角度来探讨脱甲烷塔的流程重构的策略。

5.2.1 进料位置调整对塔内传质规律的影响

以脱甲烷塔的第一股进料为例，全塔传质量的曲线随着进料板位置的移动而变化，如图 5.3 所示。第一股进料附近各层塔板的传质量的分布显示，塔板的传质量曲线在进料附近部分落入零轴以下，出现了传质量为负的塔板，即上文所提到的系统的传质瓶颈。对精馏塔的操作，在有限的能量负荷前提下使传质过程尽可能正向进行，因而能充分利用各层塔板并分离出更多所需要的产品。调整进料的位置，即将进料板的上下塔板作为进料板是不错的流程重构方法。

图 5.3 中的曲线分别代表将进料塔板的位置从第 7 块塔板依次调整到第

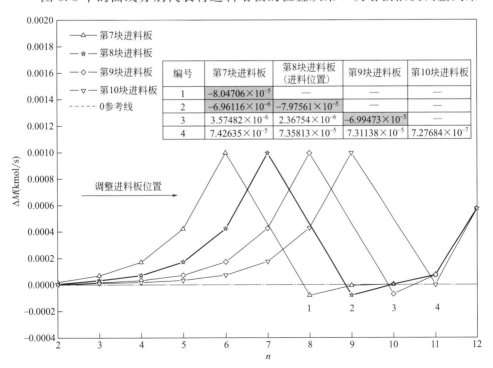

编号	第7块进料板	第8块进料板 （进料位置）	第9块进料板	第10块进料板
1	-8.04706×10^{-5}	—	—	—
2	-6.96116×10^{-6}	-7.97561×10^{-5}	—	—
3	3.57482×10^{-6}	2.36754×10^{-6}	-6.99473×10^{-5}	—
4	7.42635×10^{-5}	7.35813×10^{-5}	7.31138×10^{-5}	7.27684×10^{-7}

图 5.3 进料位置变化时第一股进料附近塔板的传质量变化趋势图

10块塔板时，塔板传质量的变化规律。进料塔板下方的反向传质塔板数随着进料塔板位置的移动逐渐减少，且当进料塔板为第7块塔板时有两层反向传质的塔板，当调整进料位置到第10块塔板时，进料塔板附近反向传质的塔板消失，在不同进料情况下1~4点的传质量如图5.3所示。在进料塔板从第8块塔板调整到第10块塔板时，在控制塔顶温度保持不变的情况下调整塔顶的回流量，发现系统的回流量比重构前降低了3.26kmol/h，整个系统塔顶的低温冷量消耗约下降6kW，验证了通过调整进料位置能有效地降低塔顶系统的冷量消耗。

5.2.2　多股进料脱甲烷塔进料位置调整策略及能耗分析

从上述进料位置调整对其内部传质规律的分析来看，调整进料的位置不但能带来塔板传质效率的提高，而且还能带来能量消耗的降低，因此可以通过调整进料位置的方法对系统进行去瓶颈操作。结合第一股进料流程重构的分析方法，可以分别分析脱甲烷塔的其余两个进料瓶颈附近的反向传质塔板，并对各个进料塔板附近的传质量进行分析，分别调整对应进料的位置，使得进料附近反向传质塔板数最少。经分析给出最终流程重构后的进料位置方案，与重构前进料位置的对比，详见表5.1。

表5.1　重构前后脱甲烷塔的进料位置

项目	1#进料	2#进料	3#进料	4#进料
重构前的进料位置(塔板)	8	14	17	23
重构后的进料位置(塔板)	10	14	19	25

根据流程重构的方法，按照瓶颈分析的结果调整进料的位置，并对系统进行流程模拟。重构后甲烷的摩尔分数和传质量的复合曲线如图5.4所示，传质过程得到改善。重构前后脱甲烷塔的温度分布对比曲线如图5.5所示。

在进料条件及塔顶产品甲烷摩尔分数保持不变的情况下（控制塔顶温度及压力不变），根据图5.6重构前后各层塔板的传质量对比曲线可以看出，在流程重构前后：①进料处反向传质的塔板消失，各个塔板得到有效的利用；②进料处重构前后反向传质的塔板不变，但反向传质量下降；③进料处

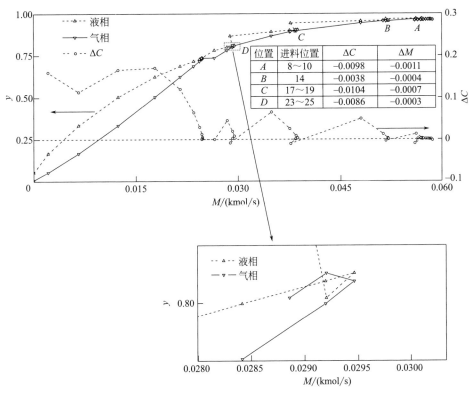

图 5.4 重构后甲烷的摩尔分数和传质量的复合曲线

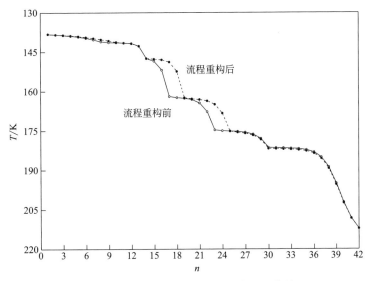

图 5.5 重构前后全塔的温度分布对比曲线

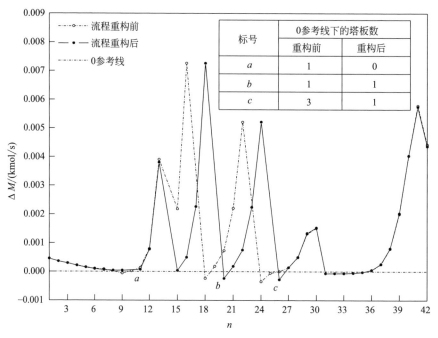

图 5.6 重构前后各层塔板的传质量对比曲线

发生的变化较大,由原来的 3 块反向传质塔板变成了 1 块。进料处塔板的传质量得到明显改善,达到去瓶颈的目的。

重构前后脱甲烷塔的部分数据对比见表 5.2。根据脱甲烷塔的数据对比,重构前后脱甲烷塔的塔顶和塔底组分,在控制塔顶及塔底温度保持不变的情况下,塔顶和塔底甲烷的含量几乎不变,塔顶的回流量比原来下降了 10.49%,同时塔顶的冷量消耗降低了 6.14kW。

表 5.2 重构前后脱甲烷塔的部分数据对比

对比	塔顶		塔底		回流量 /(kmol/h)	塔顶采出 /(kmol/h)	冷量消耗 /kW
	CH_4 (摩尔分数) /%	C_2H_4 (摩尔分数) /%	CH_4 (摩尔分数) /%	C_2H_4 (摩尔分数) /%			
重构前	96.34	0.01	0.60	86.56	30.99	370.77	711.30
重构后	96.34	0.01	0.60	86.57	27.74	367.57	705.16

虽然在本例中应用重构方法仅实现了 0.86% 的节能,效果不是很明显,但本结果是建立在对塔顶乙烯含量的控制要求及总处理量相对较低且

固定不变的条件下,若提高塔顶气中甲烷的纯度,这种流程重构所带来的节能空间可能更大。塔顶出料中乙烯含量越低,塔的分离负荷也就越大。要获得高浓度的塔顶甲烷气,所需冷量也就越多,并且塔顶乙烯浓度的变化对于所需冷量的影响也就越突出,因此在乙烯含量尽可能低的情况下,重构所带来的节能效果会越明显。同理,在一定的产品质量下,处理量也直接影响所需的冷量,处理量越大对冷量的需求也就越大,对设备的利用率会越高,重构前的设备瓶颈会越来越突出,这样重构的作用也就显得极为突出,重构对于节能的效果会越明显。5.3 节将对这两种情况进行进一步的研究。

5.2.3 处理量及产品质量变化时脱甲烷塔进料位置重构对能耗的影响

在 5.2.2 小节中仅考虑了在单一进料条件及分离条件下的进料位置重构对能耗的影响,而未考虑到进料的流量与分离精度的影响,为进一步了解进料位置重构对精馏塔节能效率的作用,本小节通过分析上述两种常见的提高精馏塔处理量的操作,来剖析处理量及产品质量变化时脱甲烷塔进料位置重构对降低能耗的贡献。

在塔顶和塔底的乙烯及甲烷的摩尔分数保持不变的情况下,裂解系统脱甲烷塔装置的进料由原始的 914kmol/h 提高到 1141.2kmol/h,即图 5.7 中的原始操作点 A 点随进料流量增大到达 B 点。塔顶冷量消耗也由 E_A 增加到达 E_B。在进料位置流程重构的操作下,提高进料流量后塔顶的冷量消耗明显下降,由原始的 B 点下降到图中的 B_2 点。图中的曲线由 A 点到达 B 点而后下降到达 B_2 点,该曲线反映了随着进料流量的增加,要获得规定的产品质量,系统的能耗会增大,若采用进料位置的流程重构,能量的消耗会在原始的基础上有所降低。因此在进料处理量提升的过程中对系统进行进料位置的流程重构,有利于降低系统的能量消耗。

同时,根据市场及生产调度的安排,产品的质量要求也会随时发生变化,如降低或者提高关键产品的质量指标。脱甲烷塔塔顶的乙烯产品的纯度

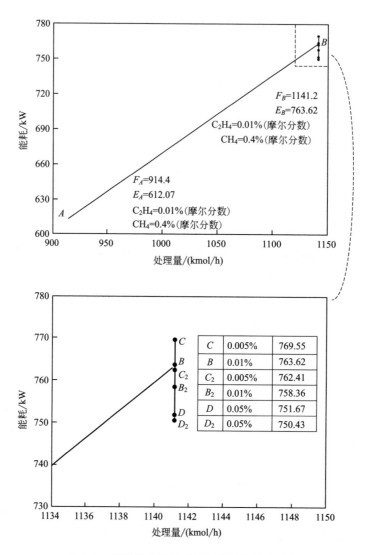

图 5.7   脱甲烷塔的处理量与能耗的关系曲线

会随市场的需求发生变化，并且在塔顶的控制指标中，它的含量越低，其损失的量就会越低，回收乙烯的量就越高。如图 5.7 所示，在进料量保持不变的情况下，降低塔顶产品中乙烯的含量，从 0.01%（摩尔分数，下同）降低到 0.005%，即从 B 点到 C 点，在原始的进料位置条件下，提升乙烯的分离要求，塔顶的冷量消耗会明显增加，即从 763.6kW 增加到 769.55kW。若不采取进料位置流程重构，能量的消耗会有所增加，而当采用了上述进料位置的调整方法调整进料位置后，塔顶的冷量消耗降低到 C_2 点的 762.41kW。同样，允许塔顶乙烯含量小幅度增加，从 0.01％ 提升到 0.05％。在不改变进料位置的条件下，乙烯分离浓度的提高会使得塔顶的冷量消耗降低，如图中的 B 点到 D 点。若不考虑进料位置的流程重构操作，降低对塔顶的甲烷产品中乙烯产品的含量要求，冷量的消耗也会按照图中的缺陷由 B 点到 D 点的规律下降。考虑进料位置的流程重构的作用，降低乙烯含量指标后的能耗则降低到了 D_2 点，较之前的 D 点小幅下降。从上述分析可以看出，无论产品质量提升还是降低，进料位置的流程重构均能够有效降低系统的能耗。

根据不同塔顶乙烯质量指标下重构前后脱甲烷塔的冷量消耗对比，可得到表 5.3。同一行，自左向右反映了不同指标下同一进料位置的能耗的数据对比。不难发现，随着塔顶乙烯含量的降低，塔顶冷量的消耗随之增加。同一列，自上而下反映了重构前后同一乙烯含量指标下的不同进料位置的数据对比，三种指标下，重构后的冷量消耗均比重构前的低，反映了重构有助于降低系统的能耗。三种指标下节约能量的对比反映了在较高的乙烯控制指标下（低乙烯含量），进料位置的重构对于降低脱甲烷塔冷量消耗的影响更大。

表 5.3　不同产品指标下进料位置流程重构前后的能耗对比

项目	含量[①]（摩尔分数）/％		
	0.05	0.01	0.005
进料位置重构前的能量消耗/kW	751.67 (D)[②]	763.62 (B)	769.55 (C)
进料位置重构后的能量消耗/kW	750.43 (D_2)	758.36 (B_2)	762.41 (C_2)
节能量/kW	1.24	5.26	7.14

①塔顶产品中乙烯的含量。
②D 代表图 5.6 中的点。

综上所示，进料位置的流程重构策略能够在处理量及产品质量指标变化的过程中有效降低系统的能量消耗，有助于实现装置的节能，说明在这两种操作下应该进行进料位置的流程重构操作。但上述分析的局限在于从稳态值的角度分析进料位置调整对于节能的影响是瞬态值，未考虑进料位置调整过程中关键指标的动态特性及其变化规律，但调整过程中中间变量的数值直接关系到产品的质量和生产设备的安全，因此仍需要进一步讨论进料位置流程重构中间过程的动态特性。

5.3　多股进料脱甲烷塔流程重构的过程动态分析

为进一步分析不同进料位置切换所导致的脱甲烷塔动态响应的差异，了解切换过程中产品的变化及操作条件的不同，本节对单一切换与组合切换进行深入的探讨。根据 5.1 节所提及的流程重构策略，以及要切换的进料位置和数目的不同，切换策略可分为单一进料切换和组合进料切换。单一进料包含三种情况，分别记作 Case 1～Case 3，它们分别代表第一、第三、第四股流股进料位置的切换，而这三种进料位置调整的组合就是组合进料切换，记作 Case 4。

表 5.4　进料位置切换策略

标号	进料位置切换策略
Case 1	8→10
Case 2	17→19
Case 3	23→25
Case 4	(8,17,23)→(10,19,25)

进料位置切换策略如表 5.4 所示，其中每一行数据表示从调整前的进料位置到调整后的进料位置。为了验证重构后的仿真结果与原始进料位置下的仿真结果的不同，并准确了解进料位置切换后精馏塔的动态特性，以进料位置未发生变化时精馏塔的产品组成及温度数据作参考进行对比。在塔顶和塔底的产品浓度为开环控制的条件下，固定塔顶的回流量和塔底的再沸量，分别对上述四种切换操作进行动态仿真，得到塔顶和塔底的温度及关键组分甲烷与乙烯含量的变化规律，如图 5.8 所示。

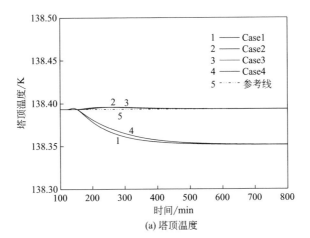

(a) 塔顶温度

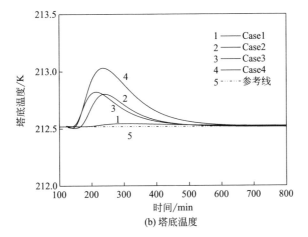

(b) 塔底温度

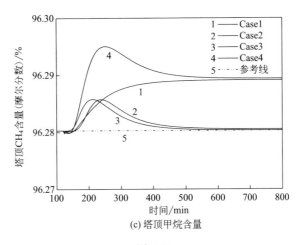

(c) 塔顶甲烷含量

图 5.8

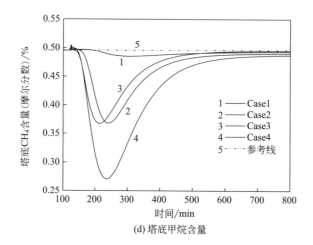

(d) 塔底甲烷含量

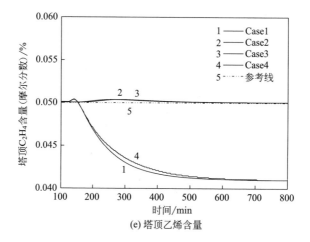

(e) 塔顶乙烯含量

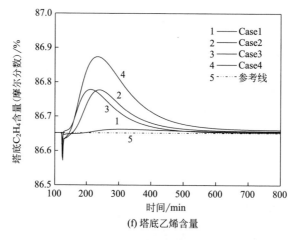

(f) 塔底乙烯含量

图 5.8　不同进料位置重构条件下脱甲烷塔的动态特性

5.3.1　塔顶和塔底温度的动态分析

依据表 5.4 中四种不同的进料切换策略 Case 1～Case 4 来切换进料的位置，根据仿真可得到塔顶和塔底温度的动态响应曲线，即图 5.8(a) 塔顶温度随不同进料位置切换策略的动态响应曲线和图 5.8(b) 塔底温度随不同进料位置切换策略的动态响应曲线。对图 5.8(a) 中曲线 1～4 的变化趋势进行对比分析，第一股进料的切换对塔顶温度变化起到关键作用。同时在回流量保持不变的情况下，四股进料位置调整策略都会使得塔顶温度出现不同程度的下降，但第三、第四股进料对塔顶温度的影响却相对较小。与塔顶相比，进料位置的调整也对塔底温度产生影响，塔底温度在进料位置切换的过程中，出现迅速上升和下降，最终达到原始的平衡位置。从图 5.8(b) 中的曲线 2 和曲线 3 可以看出，第三、第四股进料的切换对于塔底温度的影响较大，使得塔底温度出现较大的波动。同时这也说明，对于依靠裂解气进料提供热能来实现对塔底进行再沸操作的脱甲烷塔来说，抽出量不变，塔底温度会随着抽出温度的变化达到新的平衡状态，塔底温度并不会发生太大的变化。由于进料位置下移，塔顶内部的传质/传热效率得到改善，对冷量的消耗降低，因而出现在相同塔顶回流量的条件下，塔顶温度会较之前下降。根据温度的仿真曲线，塔顶和塔底温度在切换过程中不会产生异常的变化，这为后续控制器的设计提供了一定的数据支持。在切换过程中，采用常规的控制策略即可实现相应的温度控制功能。

5.3.2　塔顶关键组分的动态分析

依据进料位置切换的仿真，建立塔顶关键组分甲烷和乙烯的含量随进料位置切换的响应曲线，如图 5.8(c) 和 (e) 所示。其中，图 5.8(c) 呈现了四种进料位置切换方式下塔顶关键组分甲烷随时间的变化，图 5.8(e) 呈现了四种进料位置切换方式下塔顶关键组分乙烯随时间的变化。针对顶部气中甲烷含量的变化，曲线 1 表示随着 Case 1 的切换操作，塔顶甲烷的含量不断上升，最终到新的稳定状态。而对于 Case 2 和 Case 3 情况，塔顶出料中甲烷的含量在进料位置切换后，先上升后下降，最终回到原始的浓度值（图中的曲线 5 所对应的值），如曲线 2 和曲线 3 所示，其调节并未对塔顶甲烷的含量造成太大影响。相比于 Case 1 浓度变化的缓慢上升，Case 2 和 Case 3 对于甲烷浓度调节过程的响应速度较快，而 Case 3 响应速度更快。结合三种单独进料调整的调节方案各自的特点，将三者结合起来的 Case 4 策略同时实现了对三者的调整，实施效果如曲线 4 所示。进料位置调整后甲烷的浓度迅速上升，相比前三种单独调整策略，Case 4 更像是兼容了前三种切换方法的优点，甲烷浓度变化迅速。在相同回流量的条件下，Case 4 会使得塔顶的甲烷含量更高，并且组合调整策略能够在保证产品质量的前提下提高调整速度。

脱甲烷塔的主要目的是分离出裂解气中的甲烷及氢气的组分。往往将乙烯作为塔底的关键产物，将塔顶中的乙烯作为杂质，因而应尽可能地降低塔顶中乙烯组分的含量。与甲烷的变化规律相比，图 5.8(e) 塔顶乙烯的含量变化曲线显示，在 Case 1 的进料切换条件下，塔顶中的乙烯含量明显下降，如曲线 1 所示，而 Case 2 和 Case 3 所对应的曲线 2 及曲线 3 并未显著地影响塔顶中乙烯的含量。同时，Case 4 策略所对应的响应曲线，曲线 4 响应速度虽相对较慢，但最终达到稳态时两者具有相同的乙烯含量，表明了第三、第四股进料位置的调整会减慢塔顶乙烯含量的调整速度。

对比塔顶温度变化曲线图 5.8(a)、(c) 和（e）的塔顶关键组分的变化曲线，曲线呈现出一定的一致性，如图 5.8(a) 与（e）所示，塔顶的温度变化与塔顶乙烯的含量较为一致。对于脱甲烷塔而言，进料位置切换的温度及含量的动态响应过程验证了塔温的变化对于塔内关键组分乙烯含量的变化影响较大，对于重要产品乙烯指标的控制，可以用塔顶温度指标的控制来实现。

总体来说，单个调整方案对于脱甲烷塔的调整存在不足的地方，需要结合各种调整方法的优点，即采用组合调整的方案。结果也验证了组合调整能够不同程度地影响甲烷和乙烯的含量，即提高甲烷并且降低乙烯的含量。从最终的稳态结果来说，Case 1 对结果的影响最大。从四种切换的响应曲线上看，塔顶回流量固定不变时，塔顶的乙烯和甲烷含量均未超过最低的要求指标（$CH_4 \geq 96\%$，$C_2H_4 \leq 0.1\%$，摩尔分数）。对于塔顶关键组分的控制可以采用常规的控制策略，这也为后续的控制方案设计提供了合理依据。

5.3.3 塔底关键组分的动态分析

与塔顶的乙烯指标相比，考虑到脱甲烷塔的主要功能是分离甲烷和乙烯，且出现在塔底液相中的甲烷杂质很难再被后续的装置分离，因此塔底产品中甲烷的含量也是一个重要的乙烯纯度参数指标。其一般要求应控制在0.5%（摩尔分数）以下。实施上述四种进料调整策略，同样可以得到塔底液相产品中关键组分甲烷和乙烯的变化曲线，如图5.8(d) 和（f）所示。其中图5.8(d) 反映了不同进料情况下塔底甲烷含量的变化曲线，而图5.8(f) 则反映了不同进料情况下塔底乙烯含量的变化曲线。

比较塔顶关键组分的变化，进料位置调整对塔底关键组分的影响，主要体现在系统内部关键组分的调整过程上。对于不同的进料调整，图5.8(d) 中的曲线1~4均呈现在进料位置调整时，关键组分甲烷的浓度降低，而随后在一段调整期内又再度接近参考值。对于稳态结果的影响来说，进料位置的调整对塔底的外部表象的影响较小，塔底产品中的甲烷含量没有太大的下降。与之相比，塔底乙烯含量在调整的过程中呈现出了相反的变化，图5.8(d) 中的曲线1~4呈现出了乙烯含量随时间的变化出现不同程度的上升与下降。从动态曲线的变化可以看出，第三、第四股流股进料位置的变化对塔底甲烷和乙烯的影响较第一股流股的影响更为明显，且在切换后对应的组分变化较大。分析图5.8(d) 与（f）的变化趋势，在不同进料位置切换的过程中，塔底甲烷的含量和乙烯的含量均会发生较大的变化，但最终的稳态值却受到较小的影响。甲烷的含量与乙烯的含量随着进料位置调整呈现相反的变化趋势。对比组合进料位置调整策略和单一进料的调整策略，组合策略的影响更为突出。在调整过程中，对塔底产品中的甲烷含量来说，进料调整后系统的动态响应过程中，产品的指标一直维持在要求的范围内，并且这种进料位置的调整策略会使得整个调整过程中塔底得到的产品中乙烯纯度维持在相对较高的水平。

对比塔底温度的变化曲线［图5.8(b)］与塔底关键组分的变化曲线［图5.8(d) 和(f)］，曲线呈现出一定的一致性。如图5.8(b) 与（f），塔底温度的变化与塔底乙烯含量的变化较为一致。进料位置切换的塔底温度及关键组分含量的动态响应过程同样也验证了塔温的变化对于塔内关键组分乙烯含量的变化的影响较大，对于重要产品乙烯指标的控制可以用塔底温度指标的控制来实现。

综上所述，通过分析进料位置切换对脱甲烷塔的塔顶和塔底温度及塔顶和塔底关键组分的影响规律，在进料位置的切换过程中实施进料位置的切换不会使得产品的质量指标变差。单一进料位置的切换存在一定的不足，而组合的多股进料位置切换能够在一定程度上融合各个单进料位置切换的优点，有利于提升产品质量和塔的分离效率。同时，从动态曲线上看，塔顶和塔底乙烯的含量曲线与脱甲烷塔的塔顶和塔底温度变化规律较为一致，且无论是单一的进料位置切换还是组合的进料位置切换，切换过程中并没有异常的变化。因此，对于切换过程中组分指标的控制不需要额外采用较为复杂的控制。在进料位置切换过程中，采用常规的控制方式即可实现塔顶和塔底中关键产品的质量控制。

第 **6** 章

脱甲烷塔装置操作条件再优化策略

　　化工过程系统工程的基础是模拟，但核心内容是过程系统的最优化。一个系统只有同时实现了设计和操作上的最优化，才能充分发挥其产品增值的特性，才能在经济全球化的激烈竞争中立于不败之地。因此，为了实现上述目标，尤其是对于运行中的化工装置，往往需要通过定性或者定量分析的方式获得单元或者系统的某个目标函数达到最大（小）值时的操作条件，即实现系统的操作条件的最优化。

　　在第 5 章中提出了一种基于进料位置调整的流程重构方法来实现对进料瓶颈的去瓶颈操作，主要是对内部的传热/传质分布规律的调整。然而在去除进料瓶颈后，随着装置的运行，装置中仍可能存在操作条件并非最优的问题，需要在进料位置流程重构后对脱甲烷塔装置进行操作条件的再优化，以获得装置能量的最优利用。若存在进料操作条件的变化，如总处理量的变化，原始的操作条件不一定能保证产品的质量，也需要对设备的操作条件进行再优化。在设备的运行中，对于设备的优化并不是一次就够的，往往需要按照一定的周期进行连续优化操作，易于实施的优化方法对于实施周期优化相当重要。并且随着设备的长期运行，设备的老化与结垢等现象会加剧，导致设备的利用效率下降。操作条件的优化会得到新的最优操作条件。不同的操作条件会产生不同的进料条件，需要重新对进料位置进行流程重构以去除进料瓶颈。最优的设备操作条件能够为进料位置重构提供更准确的进料条件，因此需要研究装置操作条件再优化的方法。同时，针对脱甲烷装置中包含的循环系统以及如何实现在线重构后系统的优化问题，都是优化过程中需要解决的难点。

　　考虑到操作条件优化在整个脱甲烷塔装置的节能实施策略中所处的重要地位，本章将讨论并给出解决最优化问题的基本策略，通过在模拟实际装置的仿真平台上的优化研究，探索出能够应用于实际脱甲烷塔装置的操作条件的优化策略，以解决在线流程重构后脱甲烷塔装置的操作条件的再优化问题，并尽可能降低系统能耗。

6.1 单元优化与复合系统优化简介

在化工生产过程中,由于装置工艺或者节能的需要往往将一些产品重新返回上游的部分操作单元中,这样就产生了循环物流的问题。对于此类复杂系统的优化问题的解决,常规的方法较为复杂,且往往难以得到可行解。协同优化策略按照设备实现的功能的不同将系统划分为多个子操作单元,分别以各个子操作单元为对象进行单元优化,然后再通过协同优化器对整个系统实现协同优化操作,以实现整个系统能耗的最低化,如图 6.1

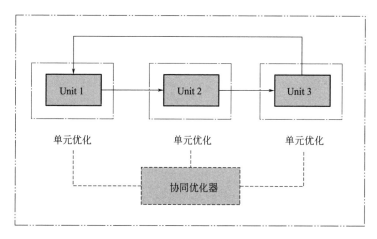

(a) 协同优化框架

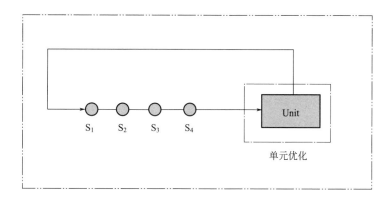

(b) 复合系统优化框架

图 6.1 协同优化与复合系统优化策略对比

（a）所示。但对于一些复杂的系统，操作单元之间的联系过于紧密，对子操作单元的划分不够明确，并且有时由于优化目标的缺失，单个操作单元的优化没有太大的意义。因而，采取对核心操作单元进行单独优化以得到最优的操作条件，再将优化的结果作为整个系统的操作条件得到装置的次最优能量利用策略，即针对核心操作单元的单元优化策略。针对装置内部的某些重要的操作单元，单独优化问题没有研究意义，如本书所讨论的脱甲烷塔装置中闪蒸罐的操作条件。脱甲烷塔的四股进料是通过三个闪蒸罐的闪蒸分离产生的，对于整个系统来说不可缺少。脱离整个脱甲烷塔，闪蒸罐的操作条件并没有设定的依据，因而对于类似闪蒸罐这样的操作单元，单元优化就失去了操作优化的意义。本书将这类会直接影响核心操作单元输入条件的单元称为操作节点，如图 6.1（b）中的节点 $S_1 \sim S_4$。虽无法实现对于操作节点的单独优化，但某些操作节点会直接影响到核心操作单元的进料条件。因而在核心单元优化时可对核心操作单元进行扩展，包含这些与进料条件相关的操作节点，使其构成复合系统，再进行复合系统优化问题的研究，即如图 6.1（b）所示的复合系统优化的解决框架。

　　对于本书所涉及的乙烯裂解过程脱甲烷塔装置来说，考虑到脱甲烷塔的重要性以及操作会对后续装置产生重要影响，对于核心操作单元多股进料脱甲烷塔的单元优化问题，简称为单塔优化；由于进料受到闪蒸罐分离作用的影响，进而可以对核心单元脱甲烷塔进行扩展，将其四股进料条件直接相关的前置闪蒸罐组成复合塔系统，这是复合系统优化的问题，简称为复合塔优化。基于上述对单元优化与复合系统优化对象的划分，脱甲烷塔装置进行的单塔优化与复合塔优化问题的研究对象分别如图 6.2 中的虚线框①和②所示。本章针对脱甲烷塔装置的研究对象，在后续的研究中将主要从单塔优化和复合塔优化的角度来实现对重构后脱甲烷塔装置的操作条件的再优化，并确定出最佳的优化策略。

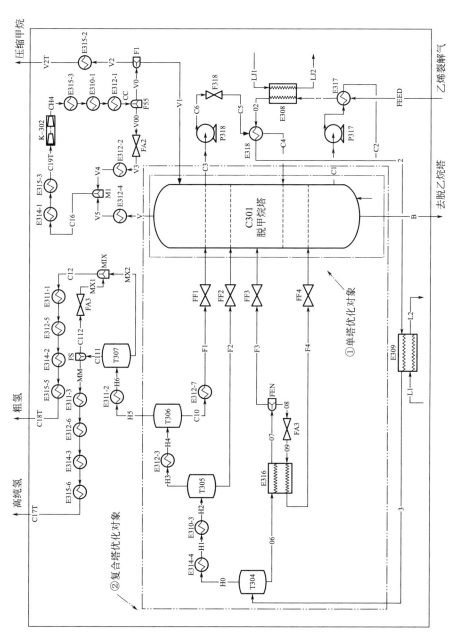

图 6.2 脱甲烷塔装置单塔优化与复合塔优化对象的划分

6.2 脱甲烷塔装置的单塔优化

根据脱甲烷塔装置的单塔优化对象的划分，脱甲烷塔装置的单塔优化主要体现在对核心操作单元脱甲烷塔的操作优化方面。再根据获得的优化结果，将最优操作条件带入到整个装置中，进而得到对应的整个系统的能耗。考虑到循环物流问题的复杂度，单塔优化能够有效降低求解优化问题的难度，并且能够较容易获取被优化操作单元的最优操作条件。但是对于整个系统的能耗而言，单塔优化方法得到的解可能不是最优的，而是次优解。

6.2.1 单塔优化问题的描述

塔的操作条件对塔的分离效率具有直接影响，进而会影响到产品浓度和能量消耗两个方面。当分离效率较低时，冷量的消耗及塔顶乙烯的损失都会较高，因此获取塔的最佳操作条件极为重要。单塔优化问题的研究对象——多股进料脱甲烷塔如图 6.2 中的方框①包含的对象所示。由进料位置的调整分析，进料位置调整后不会对塔顶和塔底的组分产生较大的异常影响，并且结合常规精馏塔的塔顶和塔底控制规律，塔底产品浓度通过对塔底再沸器的控制实现，塔顶产品的浓度通过塔顶回流量来控制。同时，考虑到整个流程的特点，塔顶回流主要通过甲烷压缩机及冷箱的换冷实现。对于单个脱甲烷塔的单元优化分析，其四股进料往往是不受自身控制的，而由上游的操作条件决定，但回流量和中间再沸器及塔底的再沸器是可以操作的，对这些变量的操作可以实现整个脱甲烷塔能量利用的最优。

因此，在本小节单塔优化的研究中，对于进料流股的操作是不可行的，不将其作为操作变量。为了获得脱甲烷塔装置单塔优化的最优操作条件，需要选择合适的优化目标函数、决策变量及约束条件这三个要素来确定单塔优化问题。

（1）目标函数 实现对操作单元的优化，往往要追寻产品质量最高和能量消耗最小的目标。对于脱甲烷塔装置中的重要操作单元，脱甲烷塔的塔顶冷量主要靠塔顶的回流提供，而塔顶的回流又靠多级甲烷压缩机来提供。降低塔顶的冷量消耗能够使得甲烷压缩机的功率下降，因此塔顶的冷量消耗可以看作是反映整个脱甲烷塔装置能量消耗的指标。根据脱甲烷塔装置的流程图可知，脱甲烷塔主要靠中间及塔底再沸器从裂解气中获取热量。若热量和冷量的供应较大而超出了需求，冷量和热量势必会出现部分抵消，并且在产品质量一定的前提下，冷量消耗会随着热量的增加而增加。从价格及能量的来源来说，冷量与热能相比，热量主要是从裂解气中获得，价格较为低廉；冷量则需要靠压缩机来提供，成本较高。综合上述分析，将塔顶消耗的冷量选作脱甲烷塔单塔优化的目标函数。

（2）决策变量　对于脱甲烷塔的可操作变量，在图 6.2 中，塔顶的回流流股 V1 和塔底的再沸流股 C1 所对应的流量是较常用的操作变量，如表 6.1 所示。根据单变量分析法和多股进料脱甲烷塔的模拟，分别讨论流股 V1 和 C1 的流量变化时所对应的脱甲烷塔冷量消耗的变化规律。考虑到单变量分析中，回流量的大幅度调整势必会影响到塔顶产品的质量，带来乙烯的损失量的增加，而在较低的浓度指标控制范围内，塔顶指标与回流量之间存在着对应关系。因此，将能够反映塔顶回流量调整规律的塔顶乙烯产品含量作为变化指标进行分析。其不仅能够直接反映出回流与冷量消耗之间的关系，而且能够同时保证产品质量在规定的范围内。对塔顶乙烯质量指标及塔底再沸器流量变化下冷量变化规律的分析方法，在实际装置的运行过程中也便于操作实现。根据对表 6.1 中变量的分析，给出不同塔顶乙烯指标下塔底再沸量与冷量消耗的关系曲线，如图 6.3 所示。

表 6.1　单塔优化的决策变量

决策变量	标号
流股 V1 流量	F_1
流股 C1 流量	F_{42}

在图 6.3 中，曲线 a～c 分别代表塔顶乙烯含量从 0.01％到 0.10％（摩尔分数）时，不同塔底再沸量下的塔顶冷量消耗的稳态数据曲线。脱甲烷塔的主要功能是分离甲烷和乙烯，塔顶出料中乙烯含量越低，则塔底产品中乙

烯的回收率就越高，乙烯的损失量就会越小。从图中可以看出为了降低塔顶乙烯的损失，需要提高冷量的消耗。冷量消耗的增加会直接导致塔顶回流量的增加。针对三条曲线中的任意一条，例如曲线 c，随着再沸器再沸量的提升，塔的冷量消耗会先增大，而后保持不变。其主要原因是再沸器的热流股是对应的裂解气进料，随着塔底部再沸量不断增大，塔底再沸器的传热达到极限，再增大再沸量也不会引起冷量的变化，图中也反映出来这一重要信息，因此对控制器操作区间的选择至关重要。同样曲线也可以证实，流股 C1 流量的变化能够有效影响到脱甲烷塔的能耗，可以被选为脱甲烷塔冷量优化的决策变量。同时，塔顶的回流量 V1 直接影响塔顶乙烯的含量，且与塔顶的能耗相关，也是合适的决策变量。因此，表 6.1 中所列的塔顶回流量和塔底再沸量均是可行的决策变量，能够用于脱甲烷塔的单塔优化之中。

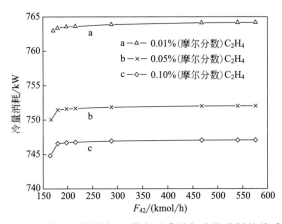

图 6.3 不同塔顶乙烯指标下塔底再沸量与冷量消耗的关系曲线

　　（3）约束条件　对于操作优化问题中约束条件的选择，主要集中在两个方面，装置运行模型方程的约束（安全约束）和满足生产任务的指标约束。对于前者，涉及优化问题的模型是建立在整个装置动态模型基础之上的，要实现优化问题的求解应该同时保证整个装置模型的解存在，即保证装置的正常运行，并且中间变量不超过模型变量的约束限制；而对于后者，在脱甲烷塔装置中，为了实现产品的分离并保证后续装置的正常运行，如乙烯塔产品的纯度，对于生产指标的约束主要是塔顶产品中乙烯的含量和塔底产品中甲烷的含量，两者的含量均不能过高，应分别低于 0.1% 和

0.5%（摩尔分数）。

6.2.2　脱甲烷塔装置的单塔优化及结果分析

根据 6.2.1 小节的讨论分析，脱甲烷塔操作条件的单塔优化问题可以描述如下。

（1）目标函数

$$\min Q_C = f_1(F_1, F_{42}) \tag{6.1}$$

（2）约束条件

① 脱甲烷塔单塔优化模型中所涉及的机理模型方程。

② 式（6.1）中的 Q_C 是关于塔顶回流量 F_1 和塔底再沸量 F_{42} 的隐函数，同时根据严格的机理模型也可以求取脱甲烷塔的冷量消耗，如式 $Q_C = F_V$ $(H_V - H_{V1})$。

③ 塔顶产品流股 V 中乙烯含量及塔底产品中甲烷含量的要求（摩尔分数）分别为 $x_{CH_4} \leqslant 0.5\%$、$y_{C_2H_4} \leqslant 0.1\%$。

式（6.1）中，Q_C 表示多股进料脱甲烷塔的冷量消耗，在实际装置中可以求解得到，kW；F_V 表示塔顶气相出料流股 V 的摩尔流率，kmol/h；H_V、H_{V1} 表示流股 V 和流股 V1 的摩尔焓值，kJ/kmol。通常基于 gPROMS 软件建立的严格仿真的最优化问题可以通过其自带的优化工具箱，并且采用基于梯度下降的序列二次规划（sequential quadratic programming，SQP）方法来求解。对于稳态模型，该工具箱能够很容易计算出最优的决策变量值，而对于包含动态模型的问题，该工具箱并不能对优化问题较好地进行求解。考虑到模型决策变量的数目不是很多，采用正交试验的方法便能有效获取动态模型的最优操作条件，同时这种方法也能很方便地直接应用于实际装置来寻求最优的操作条件。

采用正交试验的方法来获取 F_1 和 F_{42} 这两个变量的值，需要确定其流量操作的边界值，但这两个值较难确定。考虑到决策变量 F_1 和 F_{42} 通常分别被用来直接控制塔顶出料中乙烯及塔底出料中甲烷的浓度，在正交试验中可以通过确定最优的塔顶和塔底指标值来反推出最优的决策变量值。根据塔顶和塔底对关键指标的要求，塔顶乙烯和塔底甲烷含量的上下边界值很容易确定，并且选择两者的平均值作为中间值来建立正交试验矩阵，式（6.2）和式（6.3）所示，全部正交实验的次数为 9 次。若试验的最优解出现在两端，则试验结束后最优解即为端点值，否则缩小范围，取更小值所对应的区间继续上述试验，直至获得最终的结果。

$$x_{CH_4} = \{x_{下界}, x_{中间值}, x_{上界}\}$$

$$x_{中间值} = \frac{x_{下界} + x_{上界}}{2} \tag{6.2}$$

$$y_{C_2H_4} = \{y_{下界}, y_{中间值}, y_{上界}\}$$

$$y_{中间值} = \frac{y_{下界} + y_{上界}}{2} \tag{6.3}$$

采用上述方法，在 9 次运算后获得最优的决策变量 F_1 和 F_{42} 的流量值，它们分别为 23.94kmol/h 和 164.50kmol/h。在裂解气总进料量为 1142kmol/h 的条件下，对进料位置进行调整后，脱甲烷塔单塔优化前后的数据对比如表 6.2 所示。从两组数据的对比可以看出，经过操作单元的优化，塔顶回流量和塔底再沸量均有小幅度下降，塔顶产品中的乙烯及塔底产品中的甲烷含量较原始的操作条件有所上升，但仍处于可以接受的范围内。这说明在原始控制指标下生产的产品纯度较高，而实际生产可能不需要过高的纯度，这样就造成了能量的浪费。因此，生产过程在满足生产需求的前提下，应适当降低某些关键指标的要求，这有助于降低设备的能耗。而盲目追求高纯度的产品并不能实现节能降耗的目标。脱甲烷塔的单塔优化仅考虑了脱甲烷塔的操作优化问题，而忽略了其他外部操作单元的影响，例如进料的变化，而这些变化会影响到整个脱甲烷塔装置的操作，因而需要研究复合塔的优化问题。

表 6.2　脱甲烷塔单塔优化前后的数据对比

变量名	优化前	优化后
塔顶回流量 F_1/(kmol/h)	27.26	23.94
塔底再沸量 F_{42}/(kmol/h)	168.85	164.50
塔顶温度 T_1/K	138.40	138.63
塔底温度 T_{42}/K	212.73	212.50
塔顶乙烯含量 $y_{C_2H_4}$（摩尔分数）/%	0.05	0.10

续表

变量名	优化前	优化后
塔底甲烷含量 x_{CH_4}（摩尔分数）/%	0.40	0.50
流股 V 流量 F_V/(kmol/h)	449.29	445.34
流股 B 流量 F_B/(kmol/h)	510.76	511.05
再沸器热负荷 Q_B/kW	482.51	473.79
冷量消耗 Q_C/kW	749.21	743.35

6.3 脱甲烷塔装置的复合塔优化

单塔优化仅是在给定的进料条件下考虑塔的最优操作条件的问题，而往往塔的进料条件对其能量的利用有重要的影响，应将对进料有影响的因素，如闪蒸罐的操作条件，也纳入到单塔优化的对象中，研究对象如图 6.2 中的方框②所示。因此，在操作条件的再优化中，需要考虑脱甲烷塔装置的复合塔优化问题。

6.3.1 复合塔优化问题的描述

要实现脱甲烷塔装置复合塔系统的操作条件优化，需要从复合塔优化问题的建立及求解入手，因此本小节主要讨论解决复合塔优化的目标函数、决策变量以及约束条件设定三方面的问题。

（1）目标函数 对于整个脱甲烷塔装置，系统能量的主要来源是多级甲烷压缩机，其为整个系统提供冷量及气体流动的动力。在单塔优化过程中，脱甲烷塔的冷量几乎也是由甲烷压缩机提供的，为了实现整个装置能量的最优利用，甲烷压缩机的功率是一个重要的衡量指标，因此在求解复合塔优化问题时，选择甲烷压缩机的功率作为目标函数是合理的且是必需的。同时，为了实现与单塔优化的对比，也应将单塔优化的目标函数脱甲烷塔的冷量值作为对比。

（2）决策变量 根据多股进料脱甲烷塔装置的工艺流程，从可操作性的角度分析可用于控制及操作的变量。按照脱甲烷装置各部分实现的功能，可以大体分为冷箱、换热器、闪蒸罐、脱甲烷塔及甲烷多级压缩机。在流程的建立过程中，对于冷箱及换热器的配置均按照最大传热与换冷条件，且未考虑设置多余的操作旁路，因而这两部分的操作单元没有多余的操作变量，而主要是提供相应的进料条件，因此实现对冷箱的操作是不现实的。闪蒸罐是复合塔优化对象的重要组成部分，闪蒸罐的闪蒸压力直接影响到气液相的分离比和出料流量，进而影响到脱甲烷塔进料和换热器及冷箱的进料。因此，应将与核心操作单元脱甲烷塔进料有直接关系的闪蒸罐的操作条件全部纳入复合塔系统的决策变量的考察范围中。针对适用于脱甲烷塔单塔优化的决策变量，回流量流股 V1 和再沸器的再沸量 C1 也会对塔顶的冷量消耗产生影响，应纳入到被分析的决策变量里，则复合塔优化可供选择的决策变量如表 6.3 所示。最终再根据其对目标函数压缩机功率的影响，选择出最优的决策变量，以降低优化问题的求解难度。

表 6.3　复合塔优化可供选择的决策变量

可选决策变量	代号
闪蒸罐 T304 的压力降	Δp_{T304}
闪蒸罐 T305 的压力降	Δp_{T305}
闪蒸罐 T306 的压力降	Δp_{T306}
流股 V1 的流量	F_1
流股 C1 的流量	F_{42}

根据单变量分析法，可以得到表 6.3 中的可选决策变量与甲烷压缩机功率的关系曲线，如图 6.4 所示。其中图 6.4(a)～(c) 分别表示各个闪蒸罐的压力降与甲烷压缩机功率的关系，而图 6.4(d) 和 (e) 则反映了塔顶回流量及塔底再沸量与甲烷压缩机功率的关系。对比闪蒸罐 T304 与 T305 和 T306 中的压力降与压缩机功率的关系，闪蒸罐 T304 的操作范围较大且对压缩机功率的影响较大，同时通过调整压力降能够明显降低系统中压缩机的功率。而闪蒸罐 T305 和 T306 的操作对压缩机功率的影响较小，因而不作为系统的最优决策变量。塔顶回流量的变化也会对压缩机的功率产生影响，是一个重要的决策变量。而塔底再沸量对于压缩机而言，其影响可能不是很突出，但其关系到塔顶回流量的大小，间接影响甲烷压缩机的功率，也是重要的决策变量。综上所述，复合塔优化的最优决策变量应包含闪蒸罐 T304 的操作压力降、塔顶回流量及塔底再沸量。

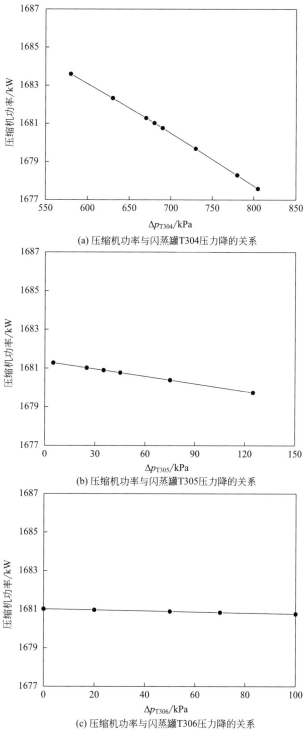

(a) 压缩机功率与闪蒸罐T304压力降的关系

(b) 压缩机功率与闪蒸罐T305压力降的关系

(c) 压缩机功率与闪蒸罐T306压力降的关系

图 6.4

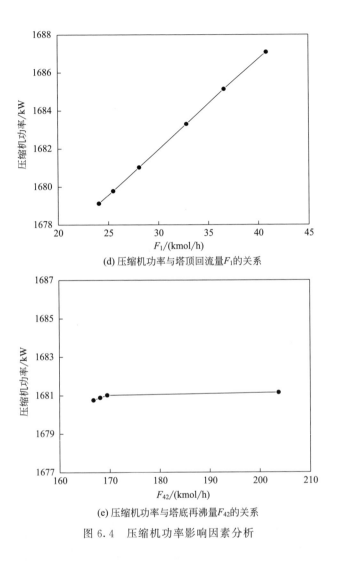

(d) 压缩机功率与塔顶回流量F_1的关系

(e) 压缩机功率与塔底再沸量F_{42}的关系

图6.4　压缩机功率影响因素分析

（3）约束条件　为了使复合塔优化过程中模型能够正常运行，整个脱甲烷塔装置模型方程的限制条件应包含在约束条件内。此外，除了在单塔优化中所提及的脱甲烷塔的约束条件外，还要考虑到复合塔优化决策变量的操作范围。

6.3.2　脱甲烷塔装置的复合塔优化及结果分析

根据上述分析，整个脱甲烷塔装置的操作条件的复合塔优化问题可以概括如下。

（1）目标函数

$$\min W_C = f_2(\Delta p_{T304}, F_1, F_{42}) \tag{6.4}$$

（2）约束条件

① 脱甲烷塔装置复合塔优化模型中所涉及的机理模型方程。

② 式（6.4）中的压缩机功率 W_C 是关于塔顶回流量 F_1、塔底再沸量 F_{42} 及闪蒸罐 T304 的压力降 Δp_{T304} 的隐函数，同时压缩机功率又可以根据严格的机理模型来求取。

③ 与单塔优化的约束条件③一样，塔顶产品流股 V 中乙烯含量及塔底流股 B 中甲烷含量在复合塔优化中也应满足要求（摩尔分数），分别为 x_{CH_4} $\leqslant 0.5\%$、$y_{C_2H_4} \leqslant 0.1\%$。

式（6.4）中 W_C 表示甲烷压缩机的功率，kW。借鉴求解脱甲烷塔单塔优化问题的方法，采用正交试验的方法来寻求复合塔优化问题的最优解。根据装置中的压力及塔顶和塔底指标的控制范围，结合式（6.2）、式（6.3）及式（6.5）建立正交试验矩阵。由于优化模型仅包含三个决策变量，全部正交试验的次数仅为 27 次。若最优值出现在边界条件下，则所对应的决策变量值即为最优解，否则改变矩阵的边界条件及中间值应重新计算求解，直到求出最优值。

$$\Delta p_{T304} = \{\Delta p_{\text{下界}}, \Delta p_{\text{中间值}}, \Delta p_{\text{上界}}\}$$
$$\Delta p_{\text{中间值}} = \frac{\Delta p_{\text{下界}} + \Delta p_{\text{上界}}}{2} \tag{6.5}$$

经过正交试验分析，最优决策变量的值经过 27 次计算获得。从计算量上看，是单塔优化计算量的三倍。复合塔优化前后的决策变量对比见表 6.4。同时根据决策变量的值，可以得到最优的压缩机功率及其他脱甲烷塔的操作数据，详见表 6.5。

表 6.4　复合塔优化前后的决策变量对比

决策变量	Δp_{T304}/kPa	F_1/(kmol/h)	F_{42}/(kmol/h)
系统优化前	680	27.26	168.85
系统优化后	1240	24.66	338.00

表 6.5　复合塔优化前后脱甲烷塔及压缩机功率对比

变量名	优化前	优化后
塔顶温度 T_1/K	138.40	138.79
塔底温度 T_{42}/K	212.73	212.49
塔顶乙烯含量 $y_{C_2H_4}$（摩尔分数）/%	0.05	0.10
塔底甲烷含量 x_{CH_4}（摩尔分数）/%	0.40	0.50
流股 V 流量 F_V/(kmol/h)	449.29	418.74
流股 B 流量 F_B/(kmol/h)	510.76	510.86
塔底再沸器热量 Q_B/kW	482.51	502.62
塔顶冷量消耗 Q_C/kW	749.21	693.92
甲烷压缩机的功率 W_C/kW	1680.63	1660.38

表 6.5 给出优化前后脱甲烷塔关键数据的对比。从优化前后的数据对比不难看出，最优化的实施会使得塔顶温度小幅上升。塔顶和塔底的关键指标乙烯及甲烷的含量要求均有所降低，分别从 0.05%（摩尔分数，下同）提高到 0.1%，0.4% 升高到 0.5%。随着闪蒸罐压力降的增大，闪蒸罐的压力较之前的压力有所降低，轻组分更多地包含在闪蒸罐顶部的气相流股中，这就导致进入脱甲烷塔的进料流量有所降低，即塔顶气相产品的流量降低。总体来看，优化使得装置中甲烷压缩机的功率下降了 1.2%，降低了 20.25kW 的能量消耗。

6.4　两种优化方案的对比

从两种优化方案实施的目标函数来说，复合塔优化与单塔优化存在着不同之处。单塔优化中优化的目标是寻求脱甲烷塔操作单元最小的冷量消耗，而复合塔优化则考虑到整个系统中能量的主要来源问题，并选择压缩机的功率作为系统优化的目标函数。从计算求解的难易程度上来说，单塔优化仅考虑了系统内部的核心操作单元，操作变量的数目较复合塔优化问题的数目少，因而较容易实现优化问题的求解。并且两种方案的目标函数及约束条件存在差异，为了实现两种方案的公平对比，目标函数必须转化为同一指标，并将单塔优化的结果设置为整个装置的操作条件，然后通过仿真求取此条件下整个脱甲烷塔装置的甲烷压缩机的功率，再将两种方案进行对比。

表 6.6 单塔优化与复合塔优化的对比

项目	冷量消耗/kW		压缩机功率/kW	
	数值	节能量	数值	节能量
优化前的系统	749.21	——	1680.63	——
单塔优化后的系统	743.35	5.86	1678.82	1.81
复合塔优化后的系统	693.92	55.29	1660.38	20.25

从应用范围来说，单塔优化的实施对象是从复杂的系统中分离出来的，且在优化的过程中往往假设进料条件不发生改变。这就直接决定了单塔优化未考虑到上游的操作条件对塔的进料条件的影响，但上游操作条件的变化会使得单塔优化的结果发生变化。而复合塔优化问题考虑的对象较为复杂，是对核心操作单元的扩展，包含了系统内部较多信息及循环物流的影响。在系统总进料保持不变时，内部操作单元改变后，例如闪蒸罐运行状态的变化，可以在复合塔优化中直接对操作条件进行优化，进而及时调整，以得到系统的最优操作条件。

从最终仿真结果的对比来说，将单塔优化的结果带入到整个系统中，能够求解出单塔操作最优条件下压缩机的功率；通过复合塔优化也能得到单塔的冷量消耗和系统中压缩机的功率。将两种优化策略下的两组数值与优化前系统的对应数值进行对比，如表 6.6 所示。采用单塔优化的方法，脱甲烷装置压缩机的能耗为 1678.82kW，比原操作条件下甲烷压缩机的功率下降了 1.81kW。而采用复合塔优化的方法，甲烷压缩机的功率及脱甲烷塔的冷量消耗均出现大幅度下降，脱甲烷塔的冷量消耗降低了 55.29kW，同时甲烷压缩机的功率降低了 20.25kW。从节能的效果上看，复合塔优化比单塔优化更能够实现系统的节能。

第 **7** 章

多股进料脱甲烷塔的控制
策略的研究

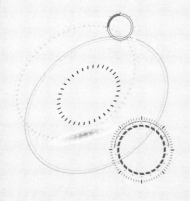

前几章主要讨论了系统进料瓶颈的识别、去除瓶颈的进料位置的流程重构以及系统操作条件再优化的方法等问题。进料位置的调整能够有效降低系统的进料瓶颈及产品的分离瓶颈对设备高效利用的影响，能够不改变设备本身结构而提高系统的节能效率，是一种有效的设备改造手段。在进料位置的调整过程中对于脱甲烷塔的指标的控制策略没有过多涉及，特别是对于进料位置的在线流程重构策略中进料位置切换时系统如何保持平稳运行成为亟待解决的问题。针对系统内部存在的脱甲烷塔生产指标调整及进料位置切换的问题，合适的控制策略在保障设备安全运行及生产指标方面不可或缺。在满足系统内部各项控制指标的前提下，设计人员或者操作人员往往会试图追求系统能量的最优利用，即同时实现控制指标和能量优化的双重目标。因此，需要提出一套针对流程重构后系统的控制及能量优化的研究方法，探讨重构控制策略及能量优化的具体实施过程，为在线流程重构的实施提供理论依据。

为了实现系统指标控制与能量最优化的双重目标，首先需要讨论在进行流程重构前脱甲烷塔的生产指标控制与能量协同优化的方法，以满足生产指标要求的同时实现能量的最优化。也就是说，需要解决控制与协同优化相结合的优化问题的求解方法。其次，在进行流程重构时，分析系统在原始控制策略及协同优化方法下系统生产指标的变化规律，并根据变化规律进行参数调整。最后，分析控制及优化方法在进料位置调整的流程重构中的灵活性，使得指标切换与进料位置调整的流程重构的实施更加便捷，进而助力于实现建设智能化工厂的愿景目标。

7.1 多股进料脱甲烷塔的过程控制与协同优化策略

在化工生产过程中，随着市场需求的不同，精馏塔的产品质量指标既会发生改变，又会随着设备的扰动维持在一个稳定值附近。前者是改变目标设定值的变设定值的控制，而后者常被称作固定目标设定值的定值控制。为了达到上述两种控制目标，从质量控制作用的实现形式的角度来说，需要调整温度或者浓度控制器的设定值，进而改变控制器的输出，再作用于操作对象上，使得输出值达到期望值。在控制策略实现的过程中，控制器的调节作用很容易实现上述功能。与此同时，调整过程中系统能耗是一个较大的未知因素，系统内部的不同产品质量及控制指标的组合所带来的系统能耗会千差万别。在节能减排的大背景下，实现控制过程中整个系统能量的合理利用，并尽可能降低系统调整过程中的能量消耗对系统节能至关重要。若能够在对关键指标进行控制的同时实现对其他操作变量的优化，获取最优的操作状态，即可在保证关键产品质量的同时实现系统全周期内能量利用的最优化的目标。本节将在可行的过程控制策略的基础上，讨论控制系统与协同优化相结合的控制策略的设计方法，来解决脱甲烷塔指标的控制和整个过程中能量最优化的问题。

7.1.1 控制与协同优化的理论基础

为了详尽介绍控制与协同优化的基本方法，本小节以简单的双入双出系统为例，对方法的应用对象的普适性进行研究。在实际装置中，双入双出系统较为常见。例如在实际的精馏塔中，塔顶的温度或者组分等指标通常由塔顶的回流量控制，而塔底的产品指标则通常主要由再沸器的再沸量来控制，从输入输出的角度来看，该系统就可以简化为一个简单的双入双出系统。考虑到精馏塔的复杂性，塔顶的回流量也会影响塔底的产品指标，同时塔底再沸量也会对塔顶指标产生影响，即精馏塔中的这两对输入输出变量之间存在着耦合关系，不利于控制作用的实现。为了方便研究及讨论这种带耦合系统的输入输出特性，可以将所有此类系统等价为如图 7.1 所示的模型形式。这种双入双出系统的由输入到输出的映射关系，如式（7.1）所示。式中，u_1 和 u_2 分别为两个输入操作变量；y_1 和 y_2 为系统的输出参数；f_{s_1} 和 f_{s_2} 为系统内部关系的隐函数。

$$\begin{cases} y_1 = f_{s_1}(u_1, u_2) \\ y_2 = f_{s_2}(u_1, u_2) \end{cases} \tag{7.1}$$

为了得到此类带耦合关系系统的控制规律，需要先确定系统的输入输出变量之间的最佳匹配关系，再确定控制策略。对于类似于双入双出系统的更

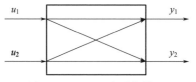

图 7.1 双入双出系统模型

加复杂的控制系统设计问题，Bristol 提出采用稳态相对增益矩阵（RGA）的方法来分析多入多出系统的变量配对关系。基于 RGA 的方法，能够得到最优的变量配对关系，进而可以进一步设计得到控制方案。具体的变量配对策略并非本书的研究重点，本书直接应用现成的 RGA 分析方法得变量配对的结果。对于图 7.1 中的系统，假设经过变量配对分析后得到的最佳配对关系是输入变量 u_1 和 u_2 分别控制输出变量 y_1 和 y_2。根据化工生产过程中操作变量的不同，可以分为多种操作变量，而最为常用的操作变量为被研究的介质的流量。对于上述系统，要实现对两个输出变量的控制，根据是否直接实现对最终被控变量的控制，可以分为两种常见的控制手段，即流量的定值控制和输出变量的直接控制。流量定值控制主要实现对输入流量的定值控制，使得输入变量维持在一个给定值。对于对应的输出变量而言，这种控制方式可能会使得输出值出现偏差，因而这种方式是输出变量的开环控制。而输出变量的直接控制则主要通过不断调整输入流量的值，使得输出变量的值达到期望值，是一种闭环控制模式，能够实现输出指标的精确控制。双入双出系统的被控变量的控制策略可以分为开环控制（流量定值）和闭环控制（被控变量与流量的串级），如表 7.1 所示。

表 7.1 双入双出系统的控制策略

控制变量	开环控制	闭环控制
y_1	输入 u_1 的定值控制	输出 y_1 的串级控制
y_2	输入 u_2 的定值控制	输出 y_2 的串级控制

根据实际控制中控制指标是否发生改变，可将控制目标分为两种，即输出 y_1 的抗外界干扰的定值控制；调整控制器设定值为目标设定值的调整设定值的控制，即由 $y_1 \rightarrow y_1^{obj}$。输出变量的定值控制则可以看成是调整设定值控制的特例，只是设定值未发生变化，一直为原始控制器的设定值。为了简

化控制方法，仅讨论后者的控制问题，即主被控变量设定值改变的控制。在此基础上，研究主被控变量的控制和整个系统的能量的协同优化方法。假设 y_1 是主被控变量，使得输出变量 y_1 达到预定控制目标且同时实现整个系统的能量协同优化，根据控制手段的不同和优化变量的不同可以分为三种策略。

（1）策略 1　分别采取输入变量 u_1 和 u_2 的定值控制，同时优化两个定值控制器的设定值。在对 y_1 进行控制的过程中，根据控制目标应使得输出 $y_1 = y_1^{\mathrm{obj}}$，同时优化系统的能耗得到最优的控制器设定值 u_1^{sp} 和 u_2^{sp}。根据模型 ［式（7.1）］ 和优化问题 ［式（7.2）］ 可以通过求解计算得到最优的设定值。

$$\begin{cases} \min Q = f_1(u_1, u_2) \\ y_2 \in [y_{2,\min}, y_{2,\max}], y_1 = y_1^{\mathrm{obj}} \\ u_{1,2} \in [u_{\min}, u_{\max}] \end{cases} \tag{7.2}$$

（2）策略 2　在控制策略上，实施输出变量 y_1 的串级控制，同时实施输入变量 u_2 的定值控制，然后根据协同优化方法来求取输入变量 u_2 的最优设定值。在此策略中，由于串级控制的实施，主回路的控制作用能方便地快速实现控制目标 $y_1 \rightarrow y_1^{\mathrm{obj}}$。若不改变定值控制器的设定值 u_2，输出变量 y_2 会随着输入变量 u_1 的改变而发生变化，进而达到中间的变量值 y_2'。在主回路控制器的作用下容易使得目标输出 $y_1 = y_1^{\mathrm{obj}}$，若能够获得最优能量目标下 u_2 的最优设定值 u_2^{sp}，则最优的能量利用也能够实现。因此，需要建立最优能量利用的目标函数，并结合主被控变量的控制方程，选择决策变量 u_2 和相应的约束条件，如 ［式（7.3）］ 所示。求解优化问题 ［式（7.3）］ 和系统的模型方程 ［式（7.1）］，可以得到满足主被控变量 y_1 为预期控制要求下最优定值控制器设定值 u_2^{sp} 的值，进而实现控制与优化的同步实施。

$$\begin{cases} \min Q = f_2(u_2) \\ u_1 = f_{\mathrm{C1}}(y_1, y_1^{\mathrm{obj}}) \\ y_2 \in [y_{2,\min}, y_{2,\max}], y_1 = y_1^{\mathrm{obj}} \\ u_{1,2} \in [u_{\min}, u_{\max}] \end{cases} \tag{7.3}$$

（3）策略 3 同时采用输出变量 y_1 和 y_2 的串级控制，同时协同优化输出 y_2 控制器的设定值。根据控制要求，y_1 的设定值通常是规定的预期目标值，即 y_1^{obj} 的值。由于对指标 y_2 的控制策略也为串级控制，若能获得在最优系统能耗下的 y_2^{sp}，则可实现指标 y_1 的控制目标且能获得指标 y_2 的最优设定值，所对应系统的最优输入 u_1 和 u_2 也能够得到。选择系统能耗为目标函数，以控制指标 y_2 的设定值为操作变量，根据对指标 y_1 的约束及输入变量的约束，可以建立如式（7.4）的优化问题。通过求解式（7.4）的优化问题及双入双出系统的模型［式（7.1）］，则可以得到控制指标 y_2 的最优设定值 y_2^{sp}。

$$\begin{cases} \min Q = f_3(y_2) \\ u_1 = f_{C1}(y_1, y_1^{obj}) \\ u_2 = f_{C2}(y_2, y_2^{sp}) \\ y_2 \in [y_{2,\min}, y_{2,\max}], y_1 = y_1^{obj} \\ u_{1,2} \in [u_{\min}, u_{\max}] \end{cases} \tag{7.4}$$

分析上述控制与优化策略中优化问题的目标函数，其主要是单目标优化问题。同时，考虑到控制过程的动态特性，控制与最优化问题的求解应该在线进行，最好直接对设定值进行调整，得到最优目标值下控制器的设定值。考虑到化工生产中通过正交试验的方法能够得到最佳的试验参数，在求解过程中引入正交试验的方法，既可以实现对单个控制器参数的求解，又可以实现对多个控制器参数的求解。最优化问题求解的具体实施方法可以概括为：先确定操作变量所对应的控制器设定值的操作区间，再通过正交试验的方法在线求解出最优控制器设定值。

7.1.2 控制与协同优化的实施策略

通过上述关于控制与优化策略的分析及最优化问题在线求解方法的介绍，实现对关键指标的过程控制与其他变量的协同优化是可行的，并且根据上述三种策略可以得到三种可行的控制及协调优化策略，即表 7.2 所示的策略 Cases 1～Cases 3。在调整过程中，根据实施的控制及协同优化策略的不同，输入输出变量的变化关系如图 7.2 所示。图 7.2 展示了三种实现控制与协同优化的途径，分别为 $A \to C$、$A \to B \to C$ 和 $A \to D \to C$，并且根据各个阶段输入输出变量的不同，各点的坐标如图 7.2 所示。图中的点 A 和点 C 分别为初始操作点及被控变量目标点（最优操作点）。

表 7.2　双入双出系统的控制与协同优化策略

路径	控制及协同优化策略
Case 1：$A \to C$	(1)同时对流量定值控制器的输入变量 u_1 和 u_2 进行优化得到 u_1^{sp} 和 u_2^{sp} (2)将两个流量定值控制器的设定值分别设定为 u_1^{sp} 和 u_2^{sp}
Case 2：$A \to B \to C$	(1)串级控制使得 y_1 的设定值为目标值 y_1^{obj}，并且保持原始定值控制器的设定值 u_2 不变 (2)优化定值控制器的输入变量 u_2 得到最优的设定值 u_2^{sp}，并将控制器的设定值调整为最优设定值 u_2^{sp}
Case 3：$A \to D \to C$	(1)串级控制使得 y_1 的设定值为目标值 y_1^{obj}，并且保持原始串级控制器的设定值 y_2 不变 (2)优化串级控制器输出变量的设定值 y_2 得到最优设定值 y_2^{sp}，并将串级控制器的设定值调整为最优设定值 y_2^{sp}

根据存在的三种控制与协同优化方法，选择方便实施且能快速得到最终控制目标的策略至关重要。本小节将分别对上述这三种控制与协同优化的调整路径及控制方法进行分析与讨论。

（1）Case 1：路径 $A \to C$ 的控制及协同优化策略　首先，直接对控制对象进行优化，得到两个输入的设定值；其次，直接将两个输入作为开环控制的 u_1 和 u_2 设定值。这主要是实现了图 7.2(b) 中点 $A(u_{1,A}, u_{2,A})$ 直接到点 $C(u_1^{\mathrm{sp}}, u_2^{\mathrm{sp}})$ 的过程。这种直接优化得到最终结果的方法看似方便，但运算较为复杂，且在实际的化工装置中这两个输入不易直接求取，因此实施该种控制与协同优化的方法并不容易。

（2）Case 2：路径 $A \to B \to C$ 的控制及协同优化策略　根据要求目标控制器的设定值为 y_1^{obj}，通过修改串级控制器主回路的设定值，很容易实现上述的控制过程。在上述控制过程的基础上，对另一个输入 u_2 采用协同优化方法并确定出能耗最优的输入 u_2^{sp} 的数值。由于双入双出系统内部的耦合作用，即使输入 u_2 不变，控制器设定值 y_1 的变化也会引起另一个输出 y_2 的变化。在原始的控制条件下，对象的输出由点 $A(y_{1,A}，y_{2,A})$ 到达点 B $(y_1^{obj}，y_2')$，如图 7.2(a) 所示。考虑到另一个输入 u_2 所对应的系统能耗并非是最优的，需要在对指标 y_1 控制的条件下对系统实施能量优化操作，则可以得到能量最优条件下的输入 u_2^{sp}。在优化的实施下，图 7.2(b) 中系统的原始控制点 $B(u_{1,B}，u_{2,A})$ 随着控制及优化的实施调整到了点 $C(u_{1,C}，u_2^{sp})$。这种控制及协同优化的策略首先是实现了指标的控制，满足了生产的需要；其次能量优化的引入并对另一个回路进行有效调节能够尽可能降低系统的能耗，且在实际的装置上也容易实现上述的过程。

（3）Case 3：路径 $A\rightarrow D\rightarrow C$ 的控制及协同优化策略　在实施调整策略之前两个输出均是在串级控制条件下，即均实现的是对输出变量 y_1 和 y_2 的直接控制。根据生产要求，将产品 y_1 的质量调整为 y_1^{obj}，由于两个输出均采用串级控制，则在控制条件下稳态的系统输出则从图 7.2(a) 中的点 A $(y_{1,A}，y_{2,A})$ 到达点 $D(y_1^{obj}，y_{2,A})$。在控制的同时，考虑到对系统的优化，将产品 y_2 的设定值作为决策变量，寻找系统的能耗最优的目标函数可以得到对应能耗最小输出 y_2 串级控制器的主回路设定值 y_2^{sp}。经过对另一控制回路的协同优化处理，系统的输出则调整到点 $C(y_1^{obj}，y_2^{sp})$，同时实现控制和能量最优的目标。与此同时，根据控制器的调节，系统输入 u_1 和 u_2 也达到对应的输入值，如图 7.2(b) 所示。从控制与协同优化的策略上看，对关键指标的控制与对其余输出变量的优化能够达到降低系统能耗的目的，同时对于双串级控制的双入双出系统而言，控制与协同优化是可行的。

考虑到直接对两个定值控制器设定值求解的难度，且 Case 1 的控制优化策略与直接采用优化得到定值控制器设定值的方式基本一致。对于图 7.1 所示的双入双出系统而言，采取 Case 2 和 Case 3 的方法，通过输出指标的串级控制能够有效实现对关键指标 y_1 的控制，同时采用协同优化的能量调优方法去调整其他控制器的参数，无论对于仿真还是实际的现场装置来说都比较容易实施。两种方式的不同主要体现在对指标 y_2 的控制策略不同（直接控制与间接控制），无论采用 Case 2 还是 Case 3 的方法，均可实施控制及协同优化策略。以下将讨论 Case 2 和 Case 3 在脱甲烷塔节能研究中的应用问题，并根据流程模拟对两者的实施效果进行对比。

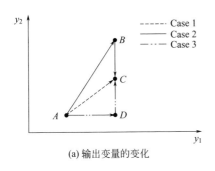

(a) 输出变量的变化

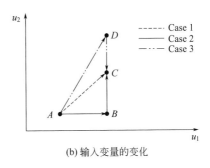

(b) 输入变量的变化

图 7.2　控制与协同优化中输入输出变量的变化关系图

图中各点坐标

坐标点	在图（a）中的坐标值	在图（b）中的坐标值
A	$(y_{1,A},\ y_{2,A})$	$(u_{1,A},\ u_{2,A})$
B	$(y_1^{obj},\ y_2')$	$(u_{1,B},\ u_{2,A})$
C	$(y_1^{obj},\ y_2^{sp})$	$(u_{1,C},\ u_2^{sp})$
D	$(y_1^{obj},\ y_{2,A})$	$(u_{1,D},\ u_{2,D})$

7.1.3　在多股进料脱甲烷塔装置上的应用实例

在生产过程中根据市场的需要会对生产指标进行调整以满足工业指标的要求，并且在获取所需分离组分的同时应尽可能降低系统的能量消耗。因此，需采用控制方案来满足控制需求，并利用优化策略实施能量的调优。把 7.1.2 小节所提出的控制与协同优化的策略应用到脱甲烷塔装置中，能够很好地解决性能指标及能量利用问题。

对于乙烯生产中的重要环节——脱甲烷塔单元，甲烷的分离效率直接关乎后续流程的复杂程度，关系乙烯的生产质量。因此，在实现指标调整的控制过程中，一般要求控制作用能够作用迅速且实现被控指标，与此同时，实现控制过程中系统能耗也是节能减排中的关键指标。控制与协同优化策略能够很好地解决上述快速调整和能量调优问题。多股进料脱甲烷塔装置中脱甲烷塔的塔顶产品中乙烯浓度对乙烯的损失，以及塔底产品中甲烷浓度对于后续产品的纯度均具有重要的影响。考虑脱甲烷塔的控制方法及变量配对关系，本小节采用组成和流量的串级控制分别实现对脱甲烷塔的塔顶和塔底中乙烯与甲烷指标的控制，其控制方案图如图 7.3 所示，串级控制的主副回路

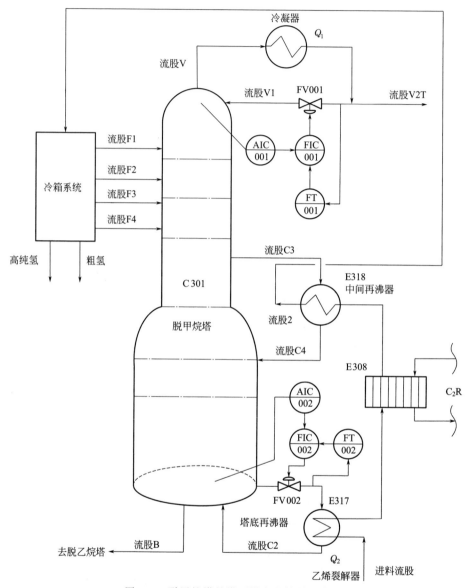

图 7.3　脱甲烷塔的塔顶塔底的控制方案图

控制器如表 7.3 所示。根据主回路是否开环可将其分为串级控制和单回路控制（流量定值控制，操作变量为流股的流量），即在串级控制中，倘若主回路开环，则对应于仅存在副回路的流量定值控制系统。

　　针对塔顶关键质量指标乙烯的含量，应直接采用串级控制，实现质量指标的快速调整以降低塔顶产品中乙烯的含量，减小乙烯的损失。为了实现塔底在不同控制策略下的指标控制效果的对比，塔底的控制分别采用甲烷组分与再沸量的串级控制和再沸器的流量定值控制。这样设计的控制系统也正好对应于 Case 2 和 Case 3 方法中所提及的双输入双输出系统的控制策略，再分别采用对应的协同优化策略即可实现系统的能量优化。

表 7.3　脱甲烷塔串级控制的主副回路控制器

项目	控制回路	
	主回路	副回路
塔顶乙烯组分——回流量串级控制	AIC001	FIC001
塔底甲烷组分——再沸量串级控制	AIC002	FIC002

由于脱甲烷塔较常规精馏塔在用能方面的复杂性，塔顶和塔底的流股对于主要产品的控制存在着耦合关系。同时为尽可能降低裂解气的温度，需要更多的再沸热量 Q_2 进入脱甲烷塔，但塔底部再沸热量的增加会导致塔顶的冷凝器冷量 Q_1 的消耗增大。根据脱甲烷塔装置的单塔优化问题的描述及目标函数的选择，本小节同样选择冷量 Q_1 作为控制及协同优化中优化问题的目标函数。基于上述两种控制策略，分别采用"塔顶乙烯组分-塔顶回流量"的串级与"塔底甲烷组分-塔底再沸量"的串级控制结合，"塔顶乙烯组分-塔顶回流量"的串级控制与塔底再沸量的定值控制相结合的控制策略，来实现控制及协同优化的策略，实施 Case 2 和 Case 3 的控制与协同优化方法。在动态调整的过程中，塔顶和塔底关键组分与流量的关系曲线如图 7.4 所示。

图 7.4 呈现了塔顶和塔底关键组分及操作变量在 Case 2 和 Case 3 的控制与优化策略下的动态变化规律。根据生产调度的安排，针对 Case 2 的策略，调整塔顶乙烯含量控制器的设定值从 0.1% 到 0.05%（摩尔分数），并且保持底部流量定值控制器的设定值不变。由于控制器的控制作用，塔顶乙烯的含量从点 A 变化到点 B，如图 7.4(a) 所示。同时由于控制器的调节，副回路流量控制器所对应的塔顶回流量数值沿着横轴移动，如图 7.4(b) 所示。考虑协同优化后，塔底流量定值控制器的设定值根据优化结果需要调整，同时由于塔顶和塔底的耦合关系及塔顶控制器对塔顶回流量的控制作用，塔顶和塔底的流量关系在图 7.4(b) 中从点 B 移动到点 C。而对于

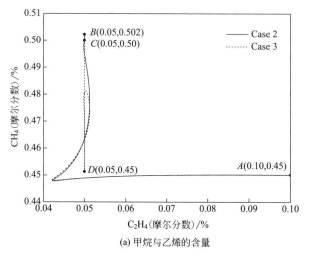

(a) 甲烷与乙烯的含量

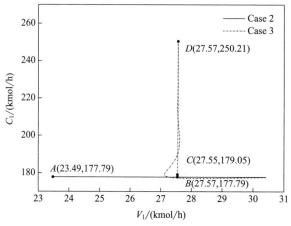

(b) 塔顶回流与塔底再沸量

图 7.4　塔顶和塔底关键组分与流量的关系曲线

Case 3 的策略，对于塔顶和塔底的控制均采取串级控制策略，并且将塔顶乙烯含量指标从 0.1% 调整到 0.05%（摩尔分数）。图 7.4(a) 显示，原始塔顶乙烯的含量根据要求变化，而塔底的甲烷含量则由于控制作用，经过调整，最终保持在原始含量设定值。采取对塔底甲烷含量设定值的协同优化，在保持塔顶控制目标的条件下，塔底甲烷浓度设定值调整到最优点，即塔底甲烷设计值 C 点。同时，在仅采用控制条件时的塔顶和塔底的回流量变化到 D 点，在进行控制与协同优化后，塔顶和塔底的操作流量也调整到对应曲线上的 C 点处，如图 7.4(a) 所示。根据上述两个仿真结果及调整结果，采用 Case 2 和 Case 3 均能够实现脱甲烷塔在控制目标下的控制与优化问题。

图 7.5 呈现了 Case 2 和 Case 3 策略下，乙烯和甲烷的含量、塔顶回流量及塔底再沸量的动态调整曲线。从动态调整过程来看，两种控制与协同优化策略均能够实现对塔顶指标的控制，不同之处在于塔底再沸流量的变化，如图 7.5(a) 和图 (b) 所示。在控制过程中，Case 2 策略实现的是对于塔底的再沸流量的控制，流量值是保持不变的，而 Case 3 实现的是对于塔底的甲烷浓度的控制，甲烷的浓度是受控的。同样的对象，在相同的控制指标下，两种策略的最优能耗是一样的。与单纯地采用单一控制而忽视能量的优化策略相比，在提高塔顶产品质量的条件下，Q_1 和 Q_2 的增量分别降低了 9.4% 和 37.6%。但与 Case3 相比，在 40h 的调整过程中，Case 2 策略下的 Q_1 和 Q_2 的累积量的增量分别下降了 4.2% 和 29.1%。

为了验证控制及优化策略的抗扰动能力，对第一股进料的温度增加 $0.5\sin(6.28t)$ 的正弦扰动。在控制与协同优化两种策略的实施下，塔顶乙烯含量与塔底甲烷含量、塔顶回流量与塔底再沸量、塔顶和塔底的能耗关系曲线如图 7.5 中相应的动态曲线所示。在控制及优化策略的操作下，方案具有一定的抗干扰能力，能够对进料的波动进行调节。通过对图 7.5(c) 的

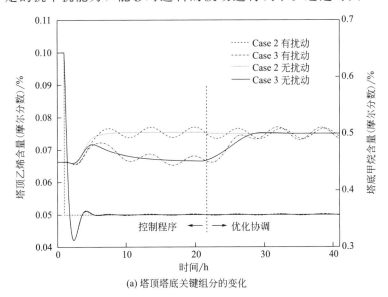

(a) 塔顶塔底关键组分的变化

图 7.5

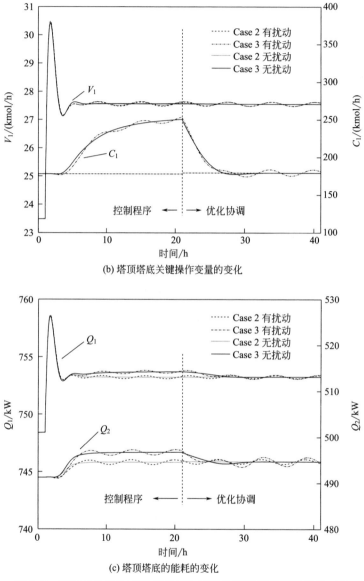

(b) 塔顶塔底关键操作变量的变化

(c) 塔顶塔底的能耗的变化

图 7.5 有无扰动下的不同控制与协同优化策略下关键数据的对比

调节过程中能耗增加总量的比较，可以证实 Case 2 的控制及协同优化策略比 Case 3 更有利于系统的节能，且对正弦信号扰动的抗扰能力更强。

综上所述，针对改变指标的控制以及能量最优利用的问题，对多股进料脱甲烷塔而言，采用塔顶直接控制和塔底开环控制以及协同优化策略既能满足生产指标变化的需要，又能降低系统的能量消耗。

7.2 多股进料脱甲烷塔进料位置切换的控制策略

在化工生产过程中，为了有效降低系统的冷热能量的消耗，将原料气通过一系列的预冷和预分离操作单元，以分离其中的轻重组分，进而会获得不同能级的流股。这采取了梯级分层进料的设计思想，将不同品质的流股从多个不同的位置注入精馏塔中。如图 7.3 所示的多股进料低温脱甲烷塔系统，裂解气通过闪蒸和冷箱的粗分与换热分为四股进料进入脱甲烷塔。进料在组成和温度上存在较大的差异，温度较低的流股从靠近塔顶的位置进料，较重的流股则从相对较低的位置进料，这种组合的多股进料模式使得更多的重组分流向塔底，轻组分去往塔顶，从而降低了系统的分离难度。同时这种进料模式有利于保证脱甲烷塔的温度分布，使得整个系统的冷量得到充分利用。

多股进料的操作会存在各种进料位置的匹配问题。正如在前期的研究中所述，对于多股进料脱甲烷塔，不合适的进料位置会导致精馏塔内部出现类似"返混现象"，使得内部传热/传质效率降低，精馏塔的分离效率随之大大降低。为了最大限度地挖掘固有设备的潜能，提高精馏塔的分离效率，降低系统的总能耗，需要对精馏塔原有的进料位置进行优化调整，从而实现从一种组合进料到另一种组合进料的切换。在塔的设计之初，会在进料板上下两级塔板处预留额外的进料位置，以实现不同进料状态下进料位置的切换调整，而这些设计却往往被操作人员忽视。进料位置如何根据进料状态自动切换调整，对于化工装置的自动运行有着重要的意义。问题的关键是如何解决进料位置切换中的控制问题，尤其是对于包含多个进料位置的多股进料脱甲烷塔系统。

为了解决多股进料脱甲烷塔的进料位置切换的控制问题，本节主要讨论在常规控制器的作用下，通过实现多股进料脱甲烷装置的进料位置动态切换，来分析控制器对脱甲烷塔塔顶和塔底关键指标控制的有效性及可控性，以及通过仿真来对比分步和同步切换方法中对进料位置与控制指标切换的最佳切换策略。

7.2.1 固定塔顶和塔底控制指标的进料位置切换

在设计阶段改变精馏塔的进料位置容易实现，前期的分析得出调整进料位置能够有效降低系统的能耗。但如何实现进料位置的调整并在此调整过程中满足生产指标的要求，则需要给出多股进料位置动态切换中控制指标的控制方案，同时实现位置的切换与指标的控制。按照上述常规精馏塔的控制方法，可以对塔顶关键组分采用回流量与乙烯组分的串级控制，主回路为乙烯含量的控制回路，而副回路为回流量的控制回路。塔底的产品指标往往要求控制在一定的约束范围内，因而采用塔底再沸量的流量定值控制的方式即可。在进料位置调整过程中并未采用额外的控制策略，而是采用常规的 PID 控制方法分别对塔顶和塔底的指标进行控制，切换进料时的控制回路流程如图 7.3 所示。

根据第 4 章对于乙烯裂解装置中原始进料位置的分析结果，原始进料位置不是脱甲烷塔的最佳进料位置，应对其进行调整切换。脱甲烷塔的进料位置由原始位置 $A(8,14,17,23)$ 调整到最佳进料位置 $B(10,14,19,25)$。在塔顶串级控制作用下，随着进料位置的切换，塔顶出料中关键产品的乙烯含量、甲烷含量和塔顶回流量的变化趋势如图 7.6 所示。

图 7.6 中的实线代表了进料位置切换时三项数据的变化，而虚线则是未对进料位置进行切换的对比参考值。图 7.6(a) 呈现了塔顶乙烯含量的变化规律。在串级控制器的作用下，不改变主控制器的设定值，产品中乙烯的含量出现一个小幅度震荡，然后恢复到原始的设定值。同样，甲烷的含量随着进料位置的调整，其产品含量轻微上升，然后由于控制器的控制作用使得甲烷的含量下降，如图 7.6(b) 所示。对于副回路而言，进料位置的切换使得分离的效果变好，回流量下降，从而使得副回路流量的设定值下降，如图 7.6(c) 所示。从塔顶关键指标的变化趋势不难看出，在塔顶的串级控制作用下，直接进行进料位置的切换可行且指标可控，不会使得塔顶的原始产品质量变差。

对于塔底的产品指标而言，在进料位置切换过程中塔底采用流量定值控制方案，并通过调整再沸器的流量来调整塔釜的温度，进而实现对出料产品

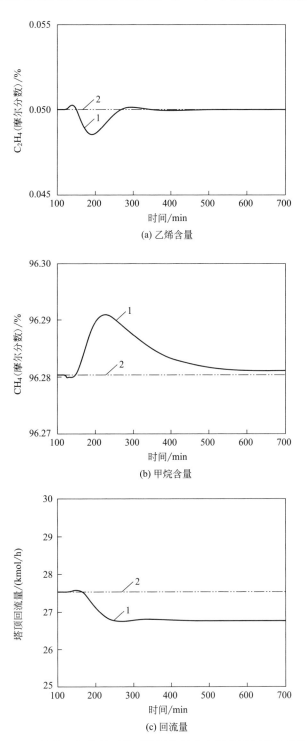

图 7.6　进料位置切换前后塔顶关键指标在串级控制下的变化趋势

1—测量值；2—设定值

含量的控制。脱甲烷塔进料位置调整过程中的塔底温度及乙烯和甲烷的含量的变化如图 7.7 所示，实线和虚线分别表示进料位置切换和不切换的对比曲

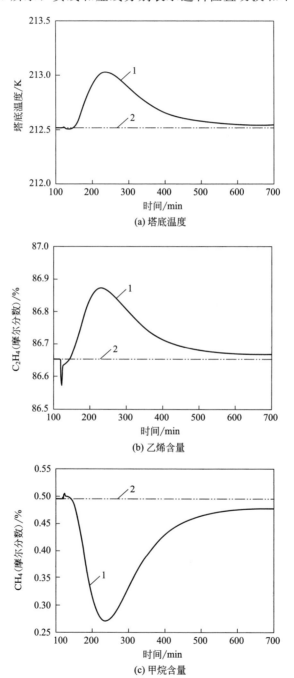

(a) 塔底温度

(b) 乙烯含量

(c) 甲烷含量

图 7.7　塔底流量定值控制作用下塔底关键产品随进料位置切换的变化趋势

1—测量值；2—设定值

线。再沸量流量定值控制实为对于组分或者温度指标的开环控制，塔底的温度和乙烯的含量随着进料位置的切换，从曲线上看会小幅增加，然后随着塔顶的关键组分的变化相应地降低，如图 7.7(a) 和图 7.7(b) 所示。从最终的控制效果来说，在塔底流量的定值控制方式下，进料位置的切换操作并没有使得塔底主要产品中甲烷的质量分数变大；相反，在原有的流量条件下，乙烯的含量有小幅提升，甲烷的含量略微降低，如图 7.7(c) 所示。分析结果验证了动态切换进料位置的操作是可行的，这种切换进料位置的塔底控制方法是可取的，不会影响产品的质量。

7.2.2 调整控制指标下的多股进料位置的切换

第 5 章对脱甲烷塔进料位置的研究表明，改变脱甲烷塔的进料位置能够改善塔内部的传热/传质分布规律，进而降低系统的能耗，并且给出了最佳的进料位置调整方案。与此同时，在最优的进料位置条件下，也可以通过优化计算得到最优的控制器设定值，即最优的进料组合及指定的控制器设定值。根据操作对象的不同，实现从初始状态 A 到最终状态 C 的切换可分为两种方式，分别进行进料位置的切换和控制器参数的切换，即从状态 A 到状态 B 再到状态 C 的分步操作方式；同时进行进料位置和控制器的设定值切换，即从状态 A 直接切换到状态 C 的同步切换方式。详细的切换控制方式如图 7.8 中路径①和路径②所示。

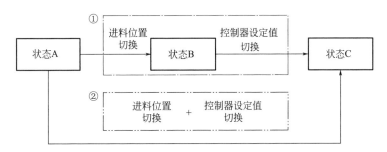

图 7.8 进料位置切换和控制器切换策略（①为分步切换方式，②为同步切换方式）

针对路径①的切换方式，首先切换脱甲烷塔的多股进料位置到最佳进料状态。待塔顶乙烯的含量到达稳定状态时，再改变塔顶乙烯组分控制器的设定值为目标浓度值。塔顶的关键产品乙烯和甲烷的含量、塔顶的温度以及回流量的变化趋势如图 7.9 中曲线 1 所示。针对图中路径②的切换方式,即同步实现对进料位置和控制器设定值的切换操作,塔顶的关键产品乙烯和甲烷的含量、塔顶的温度及回流量的变化趋势如图 7.9 中曲线 2 所示。切换操作前各变量的变化曲线和控制器设定值的参考值分别如图 7.9 中曲线 3 及曲线 4 所示。

上述的研究结果验证了在切换过程中,在控制器闭环的情况下,进料位置的切换和塔顶控制指标的改变能够同时进行,并不会给塔的操作及生产指标带来太大的风险。对两种切换方式进行对比,分步切换方式中塔顶关键指标乙烯含量的调整时间比同步切换更长。同步切换操作的总调整时间几乎接近于多股进料位置切换的调整时间。从图 7.9 中的曲线 1 可以得出,进料位置的调整周期比塔顶回流量对产品组成的控制过程长,同步进行两种操作的切换作用比单独进行一个操作要迅速,在实现同样控制目标的同时整个调整过程中回流量的消耗更小,如图 7.9(d) 所示。

总之,为了最大限度地节省操作时间并降低系统在操作过程中的能耗,直接采取同步操作的方法比分步操作方法更加节省操作时间,并且同样能够达到最终的控制要求。在进行进料位置的调整及改变控制器参数的过程中能够同时进行两个操作。

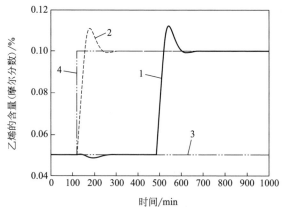

(a) 塔顶出料中乙烯的含量

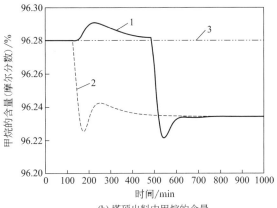

(b) 塔顶出料中甲烷的含量

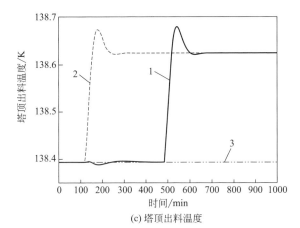

(c) 塔顶出料温度

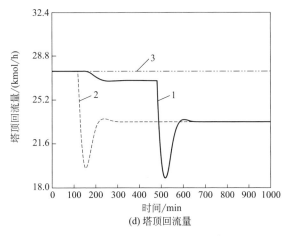

(d) 塔顶回流量

图 7.9 分步切换与同步切换方法的仿真结果对比

1—分步法测量值；2—同步法测量值；3—参考值曲线；4—控制器设定值

参 考 文 献

［1］ Engelien H K，Larsson T，Skogestad S. Implementation of optimal operation for heat integrated distillation columns ［J］. Chemical Engineering Research & Design，2003，81 (2)：277-281.

［2］ Luyben W L. Design and control of distillation columns with intermediate reboilers ［J］. Industrial & Engineering Chemistry Research，2004，43 (26)：8244-8250.

［3］ Pistikopoulos E N，Georgiadis M C，Kokossis A C. A design Methodology for internally heat-Integrated distillation columns (IHIDiC) with side condensers and side reboilers (SCSR) ［C］. 21st European Symposium on Computer Aided Process Engineering，2011，29：412.

［4］ Minh L Q，Husnil Y A，Long N V D. Retrofit and debottlenecking of naphtha splitter process to thermally coupled distillation sequence with a side reboiler ［J］. Journal of Chemical Engineering of Japan，2014，47 (8)：687-692.

［5］ Gutiérrez V M E，Jobson M，Ochoa-Estopier L M，et al. Retrofit of heat-integrated crude oil distillation columns ［J］. Chemical Engineering Research & Design，2015，99：185-198.

［6］ 张少石，陈晓蓉，梅华等. MTO脱甲烷塔分离过程模拟及优化 ［J］. 化工进展，2014，33 (5)：1093-1100.

［7］ Kister H Z，Larson K F，Yanagi T. How do trays and packings stack up ［J］. Chemical Engineering Progress，1994，90 (2)：23-32.

［8］ Bravo J L. Select structured packings or trays? ［J］. Chemical Engineering Progress，1997，93 (7)：36-41.

［9］ Liu Z Y，Jobson M. Retrofit design for increasing the processing capacity of distillation columns：2. proposing and evaluating design ［J］. Chemical Engineering Research and Design，2004，82 (1)：10-17.

［10］ 刘艳升，沈复. 全指标精馏塔全塔负荷性能图分析新方法 ［J］. 化学工程，2004，32 (6)：1-5.

［11］ Soave G S，Gamba S，Pellegrini L A，et al. Feed-splitting technique in cryogenic distillation ［J］. Industrial & Engineering Chemistry Research，2006，45 (16)：5761-5765.

［12］ Nawaz M，Jobson M. A boundary value design method for complex demethaniser distillation columns ［J］. Chemical Engineering Research & Design，2011，89 (8)：1333-1347.

［13］ Osuolate F N，Jie Z. Energy efficient control and optimisation of distillation column using artificial neural network ［J］. Chemical Engineering Transactions，2014，39：37-42.

［14］ Abbas H A，Wiggins G A，Lakshmanan R，et al. Heat exchanger network retrofit via constraint logic programming ［J］. Computers & Chemical Engineering，1999，23 (99)：S129-S132.

［15］ Uğur A，Korkut U，Derya U，et al. HEN optimizations without using logarithmic-mean-temperature difference ［J］. AIChE Journal，2002，48 (3)：596-606.

［16］ Zhu X X，Nie X R. Pressure drop considerations for heat exchanger network grassroots design ［J］. Computers & Chemical Engineering，2002，26（12）：1661-1676.

［17］ Promvitak P，Siemanond K，Bunluesriruang S，et al. Retrofit design of heat exchanger networks of crude distillation unit ［J］. Chemical Engineering Transactions，2009，18：105-110.

［18］ Siemanond K，Kosol S. Heat exchanger network retrofit by pinch design method using stage-model mathematical programming ［J］. Chemical Engineering Transactions，2012，29：367-372.

［19］ Liu X W，Luo X，Ma H G. Studies on the retrofit of heat exchanger network based on the hybrid genetic algorithm ［J］. Applied Thermal Engineering，2014，62（2）：785-790.

［20］ Liu X W，Luo X，Ma H G. Retrofit of heat exchanger networks by a hybrid genetic algorithm with the full application of existing heat exchangers and structures ［J］. Industrial & Engineering Chemistry Research，2014，53（38）：14712-14720.

［21］ Sreepathi B K，Rangaiah G P. Review of heat exchanger network retrofitting methodologies and their applications ［J］. Industrial & Engineering Chemistry Research，2014，53（28）：11205-11220.

［22］ 罗雄麟，孙琳，王传芳等. 换热网络操作夹点分析与旁路优化控制 ［J］. 化工学报，2008，59（5）：1200-1206.

［23］ Dhole V R，Linnhoff B. Distillation column targets ［J］. Computers & Chemical Engineering，1993，17（5-6）：549-560.

［24］ 吴升元，魏志强，张冰剑等. 基于 CGCC 的分馏塔进料位置 ［J］. 化工进展，2011，30：111-117.

［25］ Khoa T D，Shuhaimi M，Hashim H，et al. Optimal design of distillation column using three dimensional exergy analysis curves ［J］. Energy，2010，35（12）：5309-5319.

［26］ Bandyopadhyay S. Effect of feed on optimal thermodynamic performance of a distillation column ［J］. Chemical Engineering Journal，2002，88（1）：175-186.

［27］ Liu Z Y，Jobson M. Retrofit design for increasing the processing capacity of distillation columns：1. A hydraulic performance indicator ［J］. Chemical Engineering Research and Design，2004，82（1）：3-9.

［28］ Wei Z Q，Zhang B J，Wu S Y，et al. A hydraulics-based heuristic strategy for capacity expansion retrofit of distillation systems and an industrial application on a light-ends separation plant ［J］. Chemical Engineering Research and Design，2012，90（10）：1527-1539.

［29］ Long N V D，Lee M. A hybrid technology combining heat pump and thermally coupled distillation sequence for retrofit and debottlenecking ［J］. Energy，2015，81：103-110.

［30］ Shin J，Yoon S，Kim J K. Application of exergy analysis for improving energy efficiency of natural gas liquids recovery processes ［J］. Applied Thermal Engineering，2015，75：967-977.

［31］ Mehrpooya M，Vatani A，Sadeghian F，et al. A novel process configuration for hydrocarbon recovery process with auto‐refrigeration system [J]. Journal of Natural Gas Science and Engineering, 2015.

[32] Osuolale F N, Zhang J. Energy efficiency optimisation for distillation column using artificial neural network models [J]. Energy, 2016, 106: 562-578.

[33] Göktun S. Selection of working fluids for high-temperature heat pumps [J]. Energy, 1995, 20 (7): 623-625.

[34] Ranade S M, Chao Y T. Industrial heat pumps: where and when? [J]. Energy, 1990, 69: 10 (10): 71-73.

[35] Mizsey P, Fonyo Z. Energy integrated distillation system design enhanced by heat pumping distillation and absorption [J]. Institute of Chemical Engineers, 1992, B: 69-76.

[36] Annakou O, Mizsey P. Rigorous investigation of heat pump assisted distillation [J]. Heat Recovery Systems and CHP, 1995, 15 (3): 241-247.

[37] Long N V D, Lee M Y. Design and optimization of heat integrated dividing wall columns for improved debutanizing and deisobutanizing fractionation of NGL [J]. Korean Journal of Chemical Engineering, 2013, 30 (2): 286-294.

[38] De Rijke A. Development of a concentric internally heat integrated distillation column (HIDiC) [D]. Tu Delft, Delft University of Technology, 2007.

[39] Bruinsma O S L, Spoelstra S. Heat pumps in distillation [C]. Presented at the Distillation & Absorption Conference, 2010, 12: 15.

[40] Feng X, Berntsson T. Critical COP for an economically feasible industrial heat‐pump application [J]. Applied Thermal Engineering, 1997, 17 (1): 93-101.

[41] Fonyo Z, Benkö N. Comparison of various heat pump assisted distillation configurations [J]. Chemical Engineering Research and Design, 1998, 76 (3): 348-360.

[42] Perry R H, Green D W. Perry's chemical engineers'handbook [M]. McGraw-Hill Professional, 1999.

[43] Chen Y M, Sun C Y. Experimental study of the performance characteristics of a steam-ejector refrigeration system [J]. Experimental Thermal and Fluid Science, 1997, 15 (4): 384-394.

[44] Kansha Y, Tsuru N, Sato K, et al. Self-heat recuperation technology for energy saving in chemical processes [J]. Industrial & Engineering Chemistry Research, 2009, 48 (16): 7682-7686.

[45] Kansha Y, Kotani Y, Aziz M, et al. Evaluation of a self-heat recuperative thermal process based on thermodynamic irreversibility and exergy [J]. Journal of Chemical Engineering of Japan, 2013, 46 (1): 87-91.

[46] Matsuda K, Kawazuishi K, Kansha Y, et al. Advanced energy saving in distillation process with self-heat recuperation technology [J]. Energy, 2011, 36 (8): 4640-4645.

[47] Kansha Y, Tsuru N, Fushimi C, et al. Integrated process module for distillation processes based

on self-heat recuperation technology [J]. Journal of Chemical Engineering of Japan，2010，43 (6)：502-507.

[48] Long N V D，Lee M. A novel natural gas liquid recovery process based on self-heat recuperation [J]. Energy，57：663-670.

[49] Wankat P C，Kessler D P. Two-feed distillation：same-composition feeds with different enthalpies [J]. Industrial and Engineering Chemistry Research，1993，32 (12).

[50] Fidkowski Z T，Agrawal R. Utilization of waste heat stream in distillation [J]. Industrial & Engineering Chemistry Research，1995，34 (4)：1287-1293.

[51] Soave G，Feliu J A. Saving energy in distillation towers by feed splitting [J]. Applied Thermal Engineering，2002，22 (8)：889-896.

[52] Manley D B. Capacity expansion options for NGL fractionation [R]. Gas Processors Association，Tulsa，OK (United States)，1998.

[53] Van Duc Long N，Lee M. Improvement of natural gas liquid recovery energy efficiency through thermally coupled distillation arrangements [J]. Asia-Pacific Journal of Chemical Engineering，2012，7 (S1)：S71-S77.

[54] Bandyopadhyay S. Thermal integration of a distillation column through side-exchangers [J]. Chemical Engineering Research and Design，2007，85 (1)：155-166.

[55] Lynd L R，Grethlein H E. Distillation with intermediate heat pumps and optimal sidestream return [J]. AIChE journal，1986，32 (8)：1347-1359.

[56] Diaz S，Serrani A，De Beistegui R，et al. A MINLP strategy for the debottlenecking problem in an ethane extraction plant [J]. Computers & Chemical Engineering，1995，19：175-180.

[57] Luo Y，Kong L，Yuan X. A systematic approach for synthesizing a low-temperature distillation system [J]. Chinese Journal of Chemical Engineering，2015，23 (5)：789-795.

[58] 尹洪超，李振民，袁一. 过程全局夹点分析与超结构 MINLP 相结合的能量集成最优综合法 [J]. 化工学报，2002，53 (2)：172-176.

[59] 吴凯，何小荣，邱彤等. 脱丙烷塔的操作优化 [J]. 计算机与应用化学，2003，20 (3)：15-17.

[60] 何大阔，王福利. 基于过程机理模型的连续精馏塔系稳态操作优化 [J]. 信息与控制，2003，32 (s1)：720-723.

[61] 王慧娟. 精馏过程建模与操作优化研究 [D]. 大连：大连理工大学，2006.

[62] Zhang N，Smith R，Bulatov I，et al. Sustaining high energy efficiency in existing processes with advanced process integration technology [J]. Applied Energy，2013，101：26-32.

[63] 刘兴高，徐用懋，钱积新. 理想物系内部热耦合精馏塔操作费用的估计与优化 [J]. 控制理论与应用，2001，18 (S1)：137-140.

[64] 邵之江，江爱朋，陈曦等. 乙烯脱丁烷塔智能操作优化方法研究 [J]. 高校化学工程学报，2006，

20 (6)：983-988.

[65] 江爱朋，邵之江，陈曦等. 基于简约空间序列二次规划算法和混合求导方法的精馏塔操作优化 [J]. 化工学报，2006，57 (6)：1378-1384.

[66] 席永胜，刘振娟，李宏光. 基于模糊数学规划方法的精馏塔操作优化 [J]. 计算机仿真，2014，31 (1)：378-382.

[67] Nakaiwa M，Huang K，Naito K，et al. Parameter analysis and optimization of ideal heat integrated distillation columns [J]. Computers & Chemical Engineering，2001，25 (4-6)：737-744.

[68] Gadalla M，Jobson M，Smith R. Optimization of existing heat-integrated refinery distillation systems [J]. Chemical Engineering Research & Design，2003，81 (1)：147-152.

[69] 罗雄麟，赵晓鹰，孙琳等. 裂解装置乙烯精馏塔回收率与总能耗的均衡操作优化 [J]. 计算机与应用化学，2015，32 (11).

[70] Liau C K，Yang C K，Tsai M T. Expert system of a crude oil distillation unit for process optimization using neural networks [J]. Expert Systems with Applications，2004，26 (2)：247-255.

[71] Inamdar S V，Gupta S K，Saraf D N. Multi-objective optimization of an industrial crude distillation unit using the elitist non-dominated sorting genetic glgorithm [J]. Chemical Engineering Research & Design，2004，82 (5)：611-623.

[72] Tahouni N，Bagheri N，Towfighi J，et al. Improving energy efficiency of an olefin plant-a new approach [J]. Energy Conversion & Management，2013，76 (30)：453-462.

[73] Luo Y，Wang L，Wang H，et al. Simultaneous optimization of heat-integrated crude oil distillation systems [J]. Chinese Journal of Chemical Engineering，2015，23 (9)：1518-1522.

[74] 王松汉，何细藕. 乙烯工艺与技术 [M]. 北京：中国石化出版社，2000.

[75] 金冶. 脱甲烷塔控制系统 [J]. 自动化与仪器仪表，1993 (2)：36-41.

[76] 王弘轼，周沛，宋维端. 低压脱甲烷系统优化分析 [J]. 化工学报，1996，47 (3)：287-292.

[77] 张元生，许普，于喜安. 脱甲烷塔优化操作分析 [J]. 乙烯工业，2005，17 (4)：42-45.

[78] Yang X，Xu Q. Product loss minimization of an integrated cryogenic separation system [J]. Chemical Engineering & Technology，2012，35 (4)：635-645.

[79] 赵晶莹，姜进宪，耿庆芬. 流程模拟技术在乙烯装置脱甲烷系统中的应用 [J]. 橡塑技术与装备，2016 (24)：39-41.

[80] 蒲通，马渝平. 乙烯装置脱甲烷系统工艺条件分析及对策 [J]. 现代化工，2000，20 (4)：22-25.

[81] 冯利，胡红旗，李红梅. 乙烯装置中脱甲烷塔优化模拟研究 [J]. 吉林化工学院学报，2004，21 (4)：13-14.

[82] 陆恩锡，张翼，李娟娟. 新节能脱甲烷系统 [J]. 化学工程，2007，35 (3)：75-78.

[83] 张海涛. 乙烯装置脱甲烷塔工程模拟计算及改造的研究 [D]. 天津：天津大学，2007.

[84] 方红飞，梁军，刘兴高等. 基于动态模拟的脱甲烷塔回路控制性能研究 [C]. 全球智能控制与自动化大会会议，2004.

[85] Luyben W L. Effect of natural gas composition on the design of natural gas liquid demethanizers [J]. Industrial & Engineering Chemistry Research，2013，52 (19)：6513-6516.

[86] Luyben W L. NGL demethanizer control [J]. Industrial & Engineering Chemistry Research，2013，52 (33)：11626-11638.

[87] 何仁初，罗雄麟，佟世文等. 乙烯精馏塔仿真平台的开发与应用 [J]. 计算机与应用化学，2005，22 (10)：909-914.

[88] 罗雄麟，赵晗，许锋. TE 过程闪蒸罐双时间尺度建模与动态特性分析 [J]. 化工学报，2015，66 (1)：186-196.

[89] 罗雄麟. 化工过程动态学 [M]. 北京：化学工业出版社，2005.

[90] 陈长青. 多股流板翅式换热器的传热计算 [J]. 制冷学报，1982 (1)：32-43.

[91] 胡礼林，陈长青，赵淑凤. 石油化工用无相变多股流板翅式换热器的传热计算 [J]. 石油化工设备，1988 (5)：3-10.

[92] 侯喜胜，陈长青. 板翅式换热器设计理论的进展 [J]. 深冷技术，1989 (5)：1-10.

[93] 陈长青，胡礼林，程忠俊等. 多组分多股流相变换热器的传热计算 [J]. 化工学报，1994 (2)：206-211.

[94] 孙兰义. 化工流程模拟实训 [M]. 北京：化学工业出版社，2012.

[95] Carlson E C. Don't Gamble with physical properties for simulations [J]. Chemical Engineering Progress，1996，92 (10)：35-46.

[96] Zarenezhad B，Eggeman T. Application of peng-rabinson equation of state for CO_2，freezing prediction of hydrocarbon mixtures at cryogenic conditions of gas plants [J]. Cryogenics，2006，46 (46)：840-845.

[97] 王松汉. 板翅式换热器 [M]. 北京：化学工业出版社，1984.

[98] 王弘轼. 化工过程系统工程 [M]. 北京：清华大学出版社，2006.

[99] 张鹏，刘春江，唐忠利等. 加压下规整填料塔内气液两相流返混的实验研究：气相返混系数 [J]. 化工学报，2001，52 (5)：381-382.

[100] 张红彦，王树楹，余国琮. 混合池模型推算气液返混对精馏效率的影响 [J]. 化学工程，2003，31 (5)：13-16.

[101] 孙树瑜，王树楹，余国琮. 填料塔中液体轴向返混行为对精馏分离效率影响的理论解 [J]. 化学工程，1999 (4)：7-10.

[102] El-Halwagi M M. Pollution prevention through process integration：systematic design tools [M]. Academic press，1997.

[103] 刘守强，胡长青. 空分装置预冷系统流程的重构 [J]. 节能技术，2015，33 (6)：572-575.

[104] 雷杨，张冰剑，陈清林. 基于 MINLP 的精馏塔进料板位置优化 [J]. 化工进展，2011，30：80-84.

[105] Tun L K，Matsumoto H. Application methods for genetic algorithms for the search of feed positions in the design of a reactive distillation process [J]. Procedia Computer Science，2013，22：623-632.

[106] Thomas I，Kröner A. Mixed-integer optimization of distillation column tray positions in industrial practice [J]. Computer Aided Chemical Engineering，2006，21：1015-1020.